天壇花卉

北京市天坛公园管理处 编著

中国建筑工业出版社

本书编委会

主　编　杨晓东　张元成

副主编　牛建忠　李连红

编　写　吴晶巍　袁兆晖　李红云　朱庆玲
徐　然　刘育俭　姜秀玲　韩　捷
张晶晶　於哲生　黄　焜　韩雪琳
李　霞　李文凯　于世平　陈志平
赵永利　童家骥　杨荣增

前　言

天坛，始建于明永乐十八年（1420年），曾是明清皇帝祭祀皇天上帝和祈祷五谷丰登的场所，占地273hm^2，是世界上现存规模最大和保存最完整的祭天建筑群，主要建筑包括祈谷坛、圜丘坛、斋宫、神乐署和牺牲所等。1998年12月天坛被联合国教科文组织世界遗产委员会列入《世界遗产名录》，其珍贵价值得到了世界的认可和保护。

天坛有着悠久的花卉栽培历史，明末清初天坛神乐观（神乐署前身）一带就栽植有大量的花木，每至春初游人如织，甚至在民间形成了踏春赏春、端午游天坛的风俗。天坛神乐观原为明清两朝演习祭祀礼乐的场所，观中道士多充当乐舞生。道士们平时除演习祭祀乐舞外，还热衷于民间祈禳活动，在观内栽花、开肆以吸引香客、供人休憩，甚至在署衙周边自建房屋开店、出租。道士们栽花，一为药材，二为观赏。用天坛自然生长的益母草制成的益母草膏在当时是治疗妇科疾病的良药，十分有名。花木以牡丹花最盛，清朝潘荣陛在《帝京岁时纪胜》中对天坛牡丹有这样的记载："春早时赏牡丹，惟天坛南北廊、永定门内张园及房山僧舍者最胜。"清朝胡南苕有《天坛道院看牡丹诗》："青阳好序顿过三，选胜如游百顷潭。碧落清虚人罕到，香林诘屈马偏谙。玉壶酒贮芳春思，石鼎诗联永夜谈。共说元都添绝艳，不须崇敬访名蓝。"①

① "天坛南北廊"和"天坛道院"是民间对神乐观一带的叫法。

然神乐观一带熙熙攘攘、热闹繁华的景象却与“郊坛重地”极不协调，清乾隆年间，一满族御史携伶看花，因游人杂沓心生感喟，便上了一道请禁郊坛栽花、拆酒肆的奏折。清乾隆六年（1741年），乾隆皇帝诏令禁止商贾云集于坛庙重地，神乐观内禁止栽花，并令将观内各座铺面迁至天坛之外，以净坛地。其后乾隆皇帝又多次下令整饬，道士们尽遭驱逐，神乐观也更名为神乐所、神乐署。但风俗既成，很难禁绝。至嘉庆年间，神乐署内不仅药铺林立，还开有茶馆及各项作坊34处，游人聚集甚至话古弹词，好不热闹。嘉庆皇帝下决心饬禁这种亵越行为，清嘉庆十三年（1808年）再次下令取缔神乐署内店铺。经此整肃，神乐署内除乐舞生等的自住房屋，只保留了就近的7处药铺，署内游人立减。这7处药铺主卖益母草及药膏，神乐署严禁栽植花木后，药铺无法开地扩种药材，只就坛内自然生长的益母草取材，人工栽培花卉也就此中断。

新中国成立后，天坛由皇家祭坛转变为人民公园，不再是皇家禁地，养花不但不被禁止，还被大力地提倡和推广。

党和政府十分重视公园花卉事业的发展。1953年北京市园林处指出：各公园要有计划地多搞一些花卉，需要而没有的应进行繁殖，但应避免盲目发展。天坛积极贯彻，1954年专门成立了花卉班，在祈年殿西北建起了两栋温室，又陆续调入专业技术人员，建设试验苗圃，大力引进各种花卉。公园培育的菊花成功地参加了在北海公园举办的新中国成立后首届园林系统菊花展览。之后公园又开垦了几处花圃，园内还营造了数处花坛、花带，每逢节日，园内大量陈设各种盆栽花卉。天坛的养花艺人及技术人员在“仙客来的夏季养护”、“荷包花的花期控制”等方面都取得了技术突破。天坛的花卉事业刚刚起步就有了出色的表现。

1958年北京市园林局正式提出“绿化结合生产”的方针，认为过去注意美观多，注意经济生产少，注意花多，注意树少，而养花栽花费用太大，不经济。因此提出今后要减少盆花和花坛，花卉要精培细植，要养育优良品种。此后，天坛开始大量种植果树，建成封闭式果园，并在花坛、花带中种植经济植物，也曾以茄子、油菜等作为花坛花材。这些举措在当时三年自然灾害的特殊时期，为公园度过经济困难起到了一定的作用。

1960年北京市园林局工作纲要中突出提出：“发展盆花，目前收益虽不多，但长远意义很大，应下最大决心，争取三五年内增加更多的品种，使首都奇花争艳、万紫千红、满城芬芳。”并明确规定了天坛的花卉培育重点：向森林公园发展，创造大自然幽静清新的环境，大片林木，短期郁闭；花以月季、菊花为主，点缀林路边缘；培养大片草地。在“品种多、数量少”的原则指导下，天坛的花卉艺人钻研不辍，在培育新品、引进名品上下工夫。1961年天坛的艺菊师傅培育出了“瑞雪祈年”、“金马玉堂”等菊花名品，至1965年共培育出200多个菊花新品种。至“文化大革命”前，天坛每年都举办月季和菊花展览，党和国家领导人朱德、陈毅、张鼎丞及郭沫若等多次莅临参观并予以嘉诩。养花、赏花一直是北京的民间传统爱好，天坛又处于“老北京”人聚集的南城，展览期间总是门庭若市，热闹不已，公园的花卉布置和展览给刚刚脱离旧社会苦难生活的老百姓带来了对美好生活的新憧憬。

由于1959年建国十年大庆时人民大会堂建成的月季园深受群众的喜爱，1960年经吴晗副市长推荐，天坛聘请了蒋恩钿女士为技术顾问，指导完成了“月季扦插繁殖”、“月季露地栽植越冬”的试验，并获得成功，为北方露地栽植月季创出了新路，为建设天坛月季园奠定了基础。1961年天坛开始在祈年殿西侧建设月季园，至

1963年基本成型，占地1.3hm^2，栽植月季7000余株，成为当时北方城市中面积最大的月季园。天坛也因其月季品种和月季园而被引为京城月季栽培翘楚。

“文化大革命”中，天坛花卉遭到了严重破坏，许多盆花被砸烂，20余株珍贵的南洋杉竟被弃置，以至毁亡。大量花卉散失，菊花品种从1965年的800余种减至100余种，精心开辟的月季品种圃也任其荒芜。直至20世纪70年代初期，天坛的花卉栽培才开始恢复。1976年天坛成立了专业的月季养护班组，并与中国农业大学合作开展了月季新品种繁殖试验。

20世纪80年代初期，天坛花卉栽培方针改变，将月季及菊花确定为天坛的特色花卉进行繁育，逐渐削减其他自养花卉品种及数量，除满足花展用量外，仅用于每年节日摆花。在用于花坛布置的一二年生草本花卉栽培上，开始重视防止花卉品种间杂交、保留各品种特性的工作。如三色堇，做到了分色及远距离隔离留种，并不断选择品种特性突出的植株作母株，保证了以三色堇一种花卉的不同色彩组成模纹花坛。对百日草、鸡冠、翠菊等亦按株高、花朵大小、花色、花型等分别留种，各品种充分发挥其特色，组成更富有生气的花坛、花带，取得了良好的观赏效果。

1992年天坛总体规划经北京市规划局、文物局、园林局会审通过。根据总体规划，1993年内坛的花圃、花班、队部全部搬迁至西北外坛。园艺工作强调以树木养护为中心，花卉栽培仅为保留项目，不再扩大发展。

改革开放以后，随着经济的发展和人们生活水平的提高，精神文化的需求也越来越突出。人们不再满足于简单的盆花摆放，对花卉栽培技术、花卉布置、花展的要求也越来越高。1996年以后，天坛在每年的菊花展、月季展以及节日花坛的设计、布置上都用尽心思、推陈出新，充分研究挖掘天坛文化，努力突出花展、花坛布置的主题特色，力求在展出技术、艺术、文化品位上有所突破。这些花卉布置给天坛的游客和周边市民带来了愉悦，为庄严肃穆的天坛增添了鲜活的色彩。

此外，天坛还加大野生地被的保护力度，扩繁了一批景观好的野生花卉种质资源。并在西北外坛建立药圃，栽植了益母草、黄芩、桔梗、丹参、景天三七、射干等药用植物10余种，再现了天坛昔日的郊野风光和“天坛采药”的美景。

截至2011年，天坛共建有花卉温室6栋，花圃面积3万m^2，栽培养护各种花卉逾百种，每年花卉生产量可达4万余盆。天坛的月季、菊花在北京市和全国的花卉展会中，多次获得大奖，在北京园林界享有极高的声誉。天坛特色的花卉花坛布置也在北京市公园管理中心组织的花坛评比中连年获奖。

本书是对新中国建国62年来天坛花卉事业的记录和总结，书中重点介绍了天坛最富名气的菊花、月季，现今颇具特色的节日花坛，天人协和的花草景观、花卉文化及与天坛花卉相关的一些课题、学术性论文等，具有一定的行业指导性、应用性。天坛花卉历史悠久，从明末清初至今已将近400年，其在解放初期花卉贫乏的年代给人们带去了对美好生活的憧憬，并在今天一如既往地为花卉事业、城市美化、人们的休闲生活做出着重要的贡献。期待本书能够唤起人们对天坛花卉的美好记忆，同时也祝福祖国的花卉事业蒸蒸日上！

目录

瑞雪祈年 · 京华菊花

菊花，古名鞠，又名菊华、九华、帝女花等，其色、香、姿、韵俱佳，是我国的传统名花。

菊花原产自中国，据文献记载已有3000多年的历史。其最早的文字记载见于《尔雅》，《礼记·月令篇》中有“季秋之月，菊有黄花”的记载，《山海经》亦有：“女人之山(在河南宜阳)，其草多菊。”菊花在汉代主要作为药用植物栽培，魏晋时期才被大量繁殖，到了唐宋，其发展已经达到了鼎盛时期，唐朝刘禹锡曾诗云：“家家菊尽黄，梁园独如霜”……

北京有着悠久的菊花栽培历史，元、明时期民间养花就以菊花为主，1928年11月曾将菊花确立为北平特别市(今北京)市花。新中国成立后菊花栽培得到了前所未有的重视和发展，养菊群体逐渐扩大，并逐渐发展成为以展览的形式向广大群众展示菊花栽培技艺与菊花文化。1987年3月21日，北京市第八届人民代表大会第六次会议通过决议，将菊花定为北京市市花。

“瑞雪祈年”为天坛自培自育菊花品种，为名菊佳品。“瑞雪兆丰年”，表达了人们对丰收之年的祈盼。

一 天坛养菊

（一）悠久的天坛养菊史

天坛养菊最早可以追溯到明清时期。明及清代早期，天坛神乐观[①]的道士就曾以养菊为乐，当时达官显贵更有至神乐观观花之俗，但清朝时朝廷禁止神乐观道士在郊坛重地养花，天坛菊花因此逐渐凋零。

天坛现代养菊始于20世纪50年代初。新中国刚刚成立，百废待兴，国家政策以改善人民生活为重心，要迅速提高人民的物质、文化生活水平。北京市

①神乐观为明清时期演练中和韶乐乐舞的专门机构，现为天坛神乐署，陈设为中国古代皇家音乐展馆。

图1-1 天坛神乐观

图1-2 刘树林栽种菊花小苗

图1-3 张国祥与他栽培的千头大立菊

人民政府园林处[1]非常重视花卉的栽培生产，将其视为发展文化事业、丰富人民生活的一个重要方面，因此积极安排各单位栽培生产，并抽调技术人员指导各单位的栽培工作。

1954年天坛组建花卉班，专门负责花卉养植，并在祈年殿[2]西北靠内坛的墙根处建成了没有取暖设备的“冷洞子”，仅栽培一些耐寒植物及适合栽培的菊花等花卉。1955年刘树林由中山公园调入天坛从事养菊工作，负责品种菊及大丽花等的栽培；1957年又从颐和园调来张国祥师傅专养大立菊和悬崖菊。有了专业的养菊师傅和专门的养菊人员，艺菊从此开始深深扎根于天坛这块沃土。1957年，天坛栽培的菊花品种达到了859个。

（二）天坛菊花杂交育种与栽培技艺达到高峰

1957～1958年间，由于搞大炼钢铁、上山绿化运动，养菊艺人刘树林被下放劳

①前身为北京市建设局园林事务所和北京市公园管理委员会，于1953年成立，统一管理全市公园风景区及城市绿化建设等工作。

②清朝举行祈谷大典的神殿，是祈谷坛的主体建筑，坐落在祈谷坛砖城内。

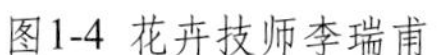
图1-4 花卉技师李瑞甫

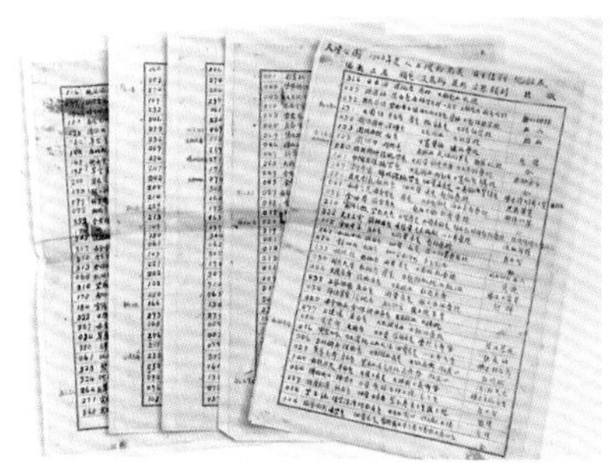

图1-5 1962年实生种菊花表

动，造成了菊花品种的大量丢失。1958年下半年时任北京市园林局局长的张仲华指示，将刘树林调回天坛继续主管菊花品种，同年刘树林收李瑞甫为徒。李瑞甫当年整理登记造册的本子上记载有522个菊花品种。

1959年为迎接新中国成立十周年，北京市园林局①在中山公园举办了第一届短日照菊展，天坛以盛开的独本菊和大立菊向国庆十周年献礼，并为天安门广场提供了1000盆独本菊和200盆大立菊作为摆放花材。1960年北京市园林局在工作纲要中规定天坛花卉栽培要以菊花、月季为主，天坛以此确立了发展方向。这一时期，除了栽培原有的品种外，天坛菊花的杂交育种达到了一个高峰期，至“文化大革命”前，天坛共培育出200多个菊花新品种，如“瑞雪祈年”、“金马玉堂”、“檀香勾环”、“独立寒秋”、“白云堆髻”等诸多单色系品种，“太真含笑”、“龙盘蛇舞”、“陶然醉”等复色系品种。其中部分品种的优良品性逐步得到稳定，并广泛流传于社会，有些甚至成为名品。至今保存下来的仍有60余种。

天坛菊花的栽培技艺在1965年达到了历史最高水平。这一年天坛参加了在北海举办的北京市菊花赛，参展的悬崖菊长2.5～3m，大立菊有8盆花朵达到500～800朵，其中最多一盆达1270朵，一时间轰动艺菊界，传为佳话。

①2006年与北京市林业局合并为北京市园林绿化局。同时成立北京市公园管理中心，负责市属公园人、财、物等的管理。

（三）几度兴衰，菊花事业稳步发展

1966～1974年，由于“文化大革命”的影响，天坛菊花栽培受到冲击，基本处于停滞状态，仅300余个品种保存下来，“文革”后期才有所恢复。1973年期间，培养出了“广寒宫”、“丹陛金狮”2个菊花新品种。

1978年党的十一届三中全会拨乱反正，生产生活重新步入正轨，天坛的菊花栽培也随之恢复起来，再次焕发出蓬勃生机。

20世纪80年代初期，菊花被确定为天坛的特色花卉进行繁育。1983年西北外坛新建起两栋花卉栽培温室，养菊设施条件得到极大改善。1986年培育出了宽瓣、属白色花系的“荷乐缤纷”，因其花色前期为浅粉色，之后逐渐泛白，最终变为白色，所以颇具情趣。随着菊花栽培技艺的提高、养菊设施的改善和菊花品种的增多，天坛已不仅仅局限于自培自育，而开始走出天坛，寻求与外界的沟通交流。在品种类型方面，20世纪90年代天坛从开封引进了丝发型等一批菊花品种，并于90年代后期与“花张”张宝增等菊花爱好者进行品种交流，极大地丰富了天坛菊花品种数量；在品种选育方面，栽植北京小早菊，淘汰“一窝猴”黄早菊及大白早菊，对菊花品种进行了优化。除此之外，天坛还积极派人外出参观学习。

（四）重视人才培养，菊花事业得到传承

天坛非常重视接班人的培养。“人生易老天难老，岁岁重阳，今又重阳，战地黄花分外香。”虽然艺菊师傅们相继离退，但菊花技艺的传承却从未中断、停滞。1962年张国祥师傅退休，由其徒弟李瑞甫接替了养植大立菊的重任。1972年李瑞甫被派往中国驻捷克斯洛伐克使馆担任花卉养护工作，之后又于1985年被派往中国驻朝鲜使馆，其高超的菊艺得到了一致赞赏。1974年刘树林师傅退休，由焦宝琮、赵立发接替品种菊的栽培工作。师徒传承，使天坛的

图1-6 1983年西北外坛新建的花卉栽培温室

养菊技艺延续并发扬光大。1983年李瑞甫也开始收徒传授养菊技艺。2010年李瑞甫的徒弟于世平被评为北京市菊花大师。

20世纪80年代后期，根据调整后的天坛建设思路，天坛花卉不再列为发展项目，而只作为品种保留。在这一方针指导下，天坛的菊花养植事业受到一定限制，菊花品种因此逐渐减少，至20世纪90年代初，天坛菊花仅存5个色系、225个品种。

20世纪90年代以后，天坛又逐渐引进了很多外来菊花品种，丰富了栽培品种，同时对中国传统品种予以有重点的保留，并以展览为平台，使天坛菊花栽培事业再度达到繁荣。

天坛养菊几度兴衰起伏，现如今，天坛共保有27个类型（共30个类型）的493个独本菊品种（含引进品种）。大立菊、悬崖菊等的栽培、裱扎技艺代代传承，并不断进行探索创新，其传统的继承和不懈的创新提升了北京菊花观赏品位，为菊花事业的发展做出了重要贡献。

图1-7 李瑞甫在向学生们示范大立菊裱扎方法

天坛现保有菊花品种的27个花型 **表1-1**

类　　型	1	2	3	4	5	6	7	8	9	10	11
平瓣类	单瓣	荷花	芍药	平盘	翻卷	叠球					
匙瓣类	匙荷	雀舌	蜂窝*	莲座	卷散	匙球					
管瓣类	单管	翎管	管盘	松针	疏管	管球	丝发	飞舞	钩环	贯珠	针管
桂瓣类	平桂	匙桂	管桂	全桂*							
畸瓣类	龙爪	毛刺	剪绒*								

注：天坛现保有菊花品种中无带*花型。

二　天坛自培自育品种菊（部分品种）

古人爱菊最早是由于它的使用价值和药用价值。后来，随着菊花的普遍栽培、技术的不断提高和品种的不断增多，菊花逐渐成为名花。到明清两代，菊花品种还仅有三四百种，而如今，中国的菊花品种已经发展到3000多种。由于菊花的每个品种都有自己的特色，或燕瘦环肥，或轻颦浅笑……均各具一格。于是，人们为了区分菊花的花姿容貌，就给各种不同的菊花题上了一个个美妙动听、名如其花的名称。由此，为菊花命名便成了一件大事。历来新培育的菊花大多由栽菊人自己命名，也有些菊花是由诗人画家在赋诗作画时所题，还有些则是由游人鉴赏时即兴提名的……由于人们各自的生活感受不同，因此同一菊花品种，也有可能出现不同的名字。但一般来说，都是根据菊花的形状、姿态和色泽，借用名景美人、奇花异兽的美名，或引用古诗名句来为菊花命名的。

■ 瑞雪祈年

平瓣类叠球型，花白色。舌状花平瓣多轮。匙瓣。内轮绿色，卷抱。盘状花稀少，盛开时不外露。

图1-8 瑞雪祈年

“瑞雪祈年”的名字来源于1961年元旦的一场瑞雪，“瑞雪兆丰年”，人们祈盼着瑞雪的降临，期待来年又是一个丰收之年。

“瑞雪祈年”原名“北京1号”，1958年由刘树林、李瑞甫等人在天坛培育。由薛守纪以景寓意，为其命名为“瑞雪祈年”，并在社会上广为流传，成为名菊佳品。如今算来已年过半百。

■ 嫦娥奔（bèn）月

图1-9 嫦娥奔月

匙瓣类卷散型，黄色。开花时内轮瓣稍内抱如一轮圆月，外轮瓣下垂如衣饰上的飘带。

又称嫦娥歌舞，1961年培育，由谢鸿宾[①]命名。

花名取自远古神话爱情故事“嫦娥奔月”。嫦娥奔月的典故在古书上有不同的说法，根据《淮南子》的记载，后羿到西王母那里求来了长生不死药，嫦娥却将其全部偷吃，奔逃到月亮上去了。由于不忍心离开后羿，嫦娥滞留在月亮广寒宫，但广寒宫里寂寥难耐，于是催促吴刚砍伐桂树，让玉兔捣药，想配成飞升之药，好早日回到人间与后羿团聚。

“嫦娥奔月”花朵盛开时外轮花瓣飘垂，似嫦娥飞天形象，故得名。

■ 村姑含笑

图1-10 村姑含笑

平瓣类叠球型，粉色。舌状花平瓣多轮，外瓣时有匙瓣，内轮排列紧密整齐、鳞次栉比呈球形，乱抱。盘状花稀少，盛开时不外露。

20世纪60年代培育，由谢鸿宾命名。

花瓣内粉外白。粉色与白色对比显得非常质朴，不华丽但干净利落，故取名“村姑含笑”。

①著名园艺家，曾有“南有周瘦娟，北有谢鸿宾”之说。

大风歌

匙瓣类卷散型，花瓣浅沙黄色，中期为浅黄色，大瓣卷曲，风度翩翩。

1974年培育，因花型似大风卷浪，颜色似清沙飞扬而得名。花名引自汉高祖刘邦歌赋。汉高祖十二年（公元前195年）十月，汉高帝刘邦率兵平淮南王黥布叛乱后，回到故乡沛县，宴请乡亲父老，纵情痛饮，酒酣意浓，击筑而舞，高唱“大风起兮云飞扬，威加海内兮归故乡，安得猛士兮守四方”。表达了刘邦慷慨高歌，休养生息、治国安邦的豪情壮志。

图1-11 大风歌

丹陛金狮

平瓣类叠球型，泥金色。舌状花平瓣多轮，外瓣匙瓣或管瓣，内轮排列紧密整齐、乱抱。盘状花稀少，盛开时不外露。

1973年由赵立发、焦宝琮培育。

丹陛桥是天坛特有的建筑，是连接祈谷坛与圜丘坛的平缓大道。桥长360m，宽29.4m，北高南低，在柏树郁郁葱葱的衬托下，与那遥远的“天宫”相连，由南向北有步步高升之意境。“丹陛金狮”泥金色花头，外形酷似天坛斋宫铜人亭四脚的趺狮。因此，薛守纪借意，取丹陛桥之“丹陛”二字，命名为“丹陛金狮”。

图1-12 丹陛金狮

■ 独立寒秋

图1-13 独立寒秋

匙瓣类卷散型，花奶白色，丰满端庄。舌状花平瓣多轮，外轮瓣，卷曲、飘垂。内轮呈乱抱。盘状花不发达。

1961年培育，由谢鸿宾命名。

花名摘自毛泽东1925年《沁园春·长沙》中的词句。毛泽东选取典型物象，意象生动巧妙，意境高远，描绘了一幅山河壮阔的画面。

“独立寒秋，湘江北去，橘子洲头。

看万山红遍，层林尽染；

漫江碧透，百舸争流。

鹰击长空，鱼翔浅底，

万类霜天竞自由。

……”

诗人独立寒秋望湘江北去，菊花也是“我花开后百花杀”独立寒秋，此花因此得名，一语双关，人物合一。

图1-14 汉宫秋月

■ 汉宫秋月

管瓣类钩环型，花白色，后期花转黄绿色。中管瓣，具钩环多轮，外轮瓣片较长，下垂。内轮较短，向心抱合。盘状花稀少。

又名“晴空万里”。1962年培育。

菊名取自元代马致远（今北京人）所作元曲《汉宫秋》，是描写西汉元帝受匈奴威胁，被迫送爱妃王昭君出塞和亲的历史剧。

汉元帝刘奭因后宫寂寞，听从毛延寿建议到民间选美。王昭君美貌异常，但因不肯贿赂毛延寿，被他在美人图上点上破绽，因此入宫后独处冷宫。汉元帝深夜偶然听到昭君弹琵琶，爱其美色，将她封为明妃，又要将毛延寿斩首。毛延寿逃至匈奴，将昭君画像献给呼韩邪单于，让他向汉王索要昭君为妻。元帝舍不得昭君和番，但满朝文武怯懦自私，无力抵挡匈奴大军入侵，昭君为免刀兵之灾自愿前往，元帝忍痛送行。单于得到昭君后大喜，率兵北去，昭君不舍故国，在汉番交界的黑龙江投江而死。单于为避免汉朝寻事，将毛延寿送还汉朝处治。汉元帝夜间梦见昭君而惊醒，又听到孤雁哀鸣，伤痛不已，后将毛延寿斩首以祭奠昭君。作品通过他对文武大臣的谴责和自我叹息来剖析这次事件，作为一国之主，他连自己的妃子也不能保护，以致演成一幕生离死别的悲剧。《汉宫秋》全名《破幽梦孤雁汉宫秋》，流传版本很多。

此品种因花色清丽，白色瓣丝勾卷，让人有离愁哀怨之感，故名。

■ 金马玉堂

平瓣类叠球型，黄色。舌状花平瓣多轮，外瓣飘垂，内轮紧抱有明显纵纹。盘状花,不发达。

1961年培育，也叫“玉堂金马”。

相传汉武帝曾得到一匹黄骠骏马非常喜爱，就命人按照马的样子铸了一尊铜马，放在长安城鲁班门外高台之上。后来鲁班门就称为金马门。当时皇宫里还有一个富丽堂皇的宫殿叫玉堂殿。两个地方非常显赫而被称为“金马玉堂”。用

图1-15 金马玉堂

图1-16 灰鹤衔珠

“金马玉堂”来形容荣华与富贵。该品种大花，黄色，花形端正，富丽堂皇，因此得名。

灰鹤衔珠

管瓣类翎管型。1961年培育，由谢鸿宾命名。花灰褐色，舌状花尖端反卷呈珠状，外轮伸展，飘逸，像鹤喙衔珠，因而得名。

麻姑献寿

图1-17 麻姑献寿

畸瓣类毛刺型，浅绿色。舌状花多轮，外轮管匙瓣四出向外伸展，内轮短匙瓣向心拱曲，内外瓣尖端皆具黄绿色毛刺。盘状花稀少。

20世纪60年代培育。

花名取自神话故事。麻姑，道教神话人物。据晋代葛洪《神仙传》记载，其为女性，修道于牟州东南姑馀山。东汉时应仙人王方平之召降于蔡经家，年十八九，貌美，自谓“已见东海三次变为桑田”，故古时以麻姑比喻高寿。民间又流传三月三日西王母寿辰，麻姑于绛珠河边以灵芝酿酒为王母祝寿的故事，因过去民间为女性祝寿多赠麻姑像，故名“麻姑献寿”。

在《古小说钩沈》的《列异传》中记载：“神仙麻姑降东阳蔡经家，手爪长四寸。”经意曰：“此女子实好佳手，愿得以搔背。”

泥金九连环

图1-18 泥金九连环

管瓣类钩环型。浅泥金色。舌状花中管。瓣端呈大钩环。盘状花稀少。

1961年培育，由谢鸿宾命名。

九连环是一种我国民间流行极广的智力玩具，以金属丝制成9个圆环，将圆环套装在横板或各式框架上，并贯以环柄。得法者需经过81次上下才能将相连的9个环套入一柱，再用256次才能将9个环全部解下。它在中国有近2000年的历史。

此品种泥金色，以形取意，得名“泥金九连环”。

松竹梅

图1-19 松竹梅

管瓣类贯株型。粉紫色。舌状花多轮，外轮细管瓣尖端钩珠伸长飘逸，内轮向上合抱。盘状花稀少微露。

1961年培育，由谢鸿宾命名。

松、竹经冬不凋，梅花耐寒开放，受人们赞颂，因此有“岁寒三友”之称。品种花瓣基部绿色，中段粉色，先端黄绿色，似松竹梅的颜色，因此得名。“松竹梅”花瓣色彩鲜明，先端卷曲，舌状花外轮平展下垂。舌状花内轮内抱，直立，逐渐下垂。

■ 太真含笑

图1-20 太真含笑

匙瓣类莲座型，粉色。舌状花匙瓣或匙平瓣，外轮瓣少许长、下垂或长飘。盘状花外露。

1961年培育，由谢鸿宾命名。

花名以唐朝美女杨玉环的道号“太真”命名。唐玄宗开元二十八年（740年）十月，杨玉环与李瑁成亲，5年后她离开寿王府来到骊山，玄宗令她出家为女道士为自己的母亲窦太后荐福，并赐道号“太真”。《旧唐书》称：“太真资质丰艳，善歌舞，通音律，智算过人……”该品种花型雍容，体态丰腴又不失律动，似唐代美人动人的笑脸，因此得名。

■ 太真图

图1-21 太真图

匙瓣类卷散型，粉色。舌状花多轮，狭长匙瓣，散抱。外轮长而飘垂。内轮细管瓣较短向上卷曲，内外瓣尖端皆有卷曲的小环珠。盛开时盘状花微露。

1962年培育，由谢鸿宾命名。

■ 陶然醉

管瓣类钩环型，粉色。舌状花多轮，多为狭长匙瓣，内轮卷曲，内抱或散抱，外轮长而飘垂，总为外卷内散。盛开时盘状花微露。

1959年培育，由薛守纪命名。

花名取自唐朝白居易诗《与梦得沽酒闲饮且约后期》："少时犹不忧生计，老后谁能惜酒钱？共把十千沽一斗，相看七十欠三年。闲征雅令穷经史，醉听清吟胜管弦。更待菊黄家酿熟，共君一醉一陶然。"这首诗作于唐开成三年（838年）。白居易当时在洛阳任太子少傅（即皇太子的导师）。诗名中"梦得"是刘禹锡的字。刘禹锡（772—842年），洛阳人，与白居易同龄，是白居易晚年心心相印的挚友。

图1-22 陶然醉

珠落玉盘

管瓣类贯珠型，白色，花开酷似大珠小珠坠落的形态而得名。

花名取自唐代白居易《琵琶行》中的"轻拢慢捻抹复挑，初为《霓裳》后《六幺》。大弦嘈嘈如急雨，小弦切切如私语。嘈嘈切切错杂弹，大珠小珠落玉盘"的语句。形容弹奏琵琶的声音如珠落玉盘。

图1-23 珠落玉盘

灰鹤展翅

管瓣类翎管型，粉色。舌状花，中直管，外灰粉色，内浅紫色。盘状花不发达。1961年培育，由谢鸿宾命名。

图1-24 灰鹤展翅

图1-25 玉环飞舞

图1-26 金波涌翠

图1-27 懒梳妆

图1-28 秋湖观澜

■ 玉环飞舞

管瓣类钩环型，白色。

1959年培育。又名“风雪春城”，由李瑞甫命名。

最初花名以唐朝美女杨玉环名字命名。《旧唐书》称：“太真资质丰艳，善歌舞，通音律，智算过人。每倩盼承迎，动移上意。宫中呼为‘娘子’，礼数实同皇后。”该品种盛花后，其花瓣钩环似风中雪花翻飞的灵动轨迹，亦名“风雪春城”。

■ 金波涌翠

管瓣类贯珠型，在金黄色中透出些微翠绿。舌状花多轮，中细管瓣具钩环，外轮长披垂扣珠，内轮平出或上举扣珠。盘状花稀少。

■ 懒梳妆

管瓣类钩环型，粉紫色。花瓣或屈曲环抱或参差披拂，如晨起尚待梳洗的美女。

■ 秋湖观澜

管瓣类针管型，绿色。舌状花细管略扭曲，内轮有小钩。盘状花稀少。1962年培育。

图1-29 太液池荷

图1-30 雪罩芙蓉

图1-31 野马分鬃

太液池荷

平瓣类荷花型，粉色。舌状花2~3轮，平展略回抱。盘状花发达。20世纪60年代培育。

雪罩芙蓉

畸瓣类毛刺型，粉色。舌状花外轮有中直管飘垂，内轮平瓣回抱。密生毛刺，有纵纹。盘状花晚期可见。20世纪60年代培育。

野马分鬃

管瓣类飞舞型，白绿色。舌状花匙瓣多轮，中细管瓣具钩环，外轮细管平展，开花后期下垂，内轮上卷回钩，全花钩珠略泛淡绿色。盘状花稀少。20世纪60年代培育。

图1-32 籽白色

籽白色

匙瓣类卷散型，白色。1996年于世平培育。

图1-33 籽飘带

图1-34 籽紫管

图1-35 紫云如意

图1-36 云想衣裳

图1-37 怒狮吼风

图1-38 金马回风

图1-39 祥霖细雨

图1-40 雨润葵黄

■ 籽飘带

平瓣类翻卷型，白粉色。1996年于世平培育。

■ 籽紫管

管瓣类管盘型，紫色。1996年于世平培育。

■ 紫云如意

平瓣类荷花型，粉色。20世纪60年代培育。

■ 云想衣裳

管瓣类管盘型，粉色。20世纪60年代培育。

■ 怒狮吼风

管瓣类飞舞型，黄色。1962年培育。

■ 金马回风

管瓣类飞舞型，黄色。1961年培育。谢鸿宾命名。

■ 祥霖细雨

管瓣类贯珠型，黄色。20世纪60年代培育。

■ 雨润葵黄

平瓣类平盘型，黄色。20世纪60年代培育。

图1-41 龙蟠蛇舞

图1-42 春满乾坤

图1-43 桃林柳絮

图1-44 黄娇凤

图1-45 百炼金刚

图1-46 金狮头

图1-47 翠帘赏雨

■ 龙蟠蛇舞

管瓣类钩环型，粉色。1961年培育。谢鸿宾命名。

■ 春满乾坤

匙瓣类卷散型，粉色。

■ 桃林柳絮

管瓣类丝发型，复色。

■ 黄娇凤

平瓣类翻卷型，黄色。

■ 百炼金刚

平瓣类叠球型，黄色。

■ 金狮头

平瓣类芍药型，黄色。

■ 翠帘赏雨

管瓣类丝发型，白色。1962年培育。

■ 松林飞瀑

管瓣类飞舞型，白色。

■ 天魔舞

管瓣类飞舞型，粉色。

图1-48 松林飞瀑

图1-49 天魔舞

■ 宫殿霞辉

匙瓣类匙球型，粉色。

■ 天河洗马

平瓣类叠球型，白绿色。

图1-50 宫殿霞辉

图1-51 天河洗马

■ 舞鹤游天

平瓣类叠球型，白色。1962年培育。

■ 金珠缀舞衣

管瓣类钩环型，复色。1962年培育。

图1-52 舞鹤游天

图1-53 金珠缀舞衣

■ 笑拈金眉

管瓣类钩环型，黄色。

图1-54 笑拈金眉

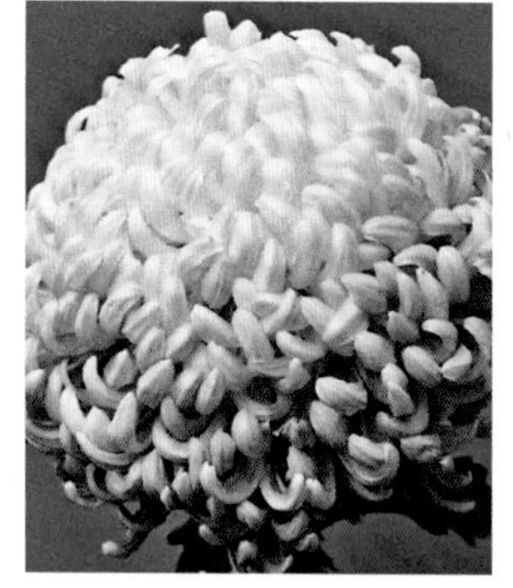

图1-55 青荷显光

图1-56 玉手调脂

图1-57 金龙献爪

图1-58 紫霞万缕

图1-59 玉树临风

图1-60 猩猩舞

■ 青荷显光

匙瓣类匙球型。

■ 玉手调脂

匙瓣类匙球型。

■ 金龙献爪

畸瓣类龙爪型。舌状花管瓣，间有平瓣，尖端破裂呈龙爪状。筒状花稀少或显著。花金黄色。

■ 紫霞万缕

管瓣类丝发型，紫红色。20世纪60年代培育。

■ 玉树临风

管瓣类疏管型，白色。20世纪60年代培育。

■ 猩猩舞

管瓣类管盘型，红黄色。1962年培育。

■ 祥云舞蝶

管瓣类飞舞型，黄色。20世纪60年代培育。

■ 桃柳春意

平瓣类平盘型，粉色。1961年培育。

■ 曲江春色

匙瓣类卷散型。

图1-61 祥云舞蝶

图1-62 桃柳春意

图1-63 曲江春色

三　菊花展

（一）菊展简史

中国古代的菊花会可以说是现代菊展的起源与雏形。菊花会不是以菊花买卖为目的的，而是通过菊花来装点自家的门庭或门面，为主人家打造声势，起到宣传的效果，所以赛菊、评菊和赏菊是菊花会的主要活动，而艺菊造型因其形式独特醒目、花朵繁茂艳丽而逐渐成为菊花会的主要展示内容。

金元两代，北京地区的菊花栽培和赏菊之风日渐浓厚，元代还出现了以菊花制作的盆景造型技艺。明代，艺菊赏菊活动迅速发展，无论是宫廷还是民间，重阳佳节时人们都要在庭园、街道摆放菊花，布置成花山花城，用小菊结扎成的宝塔、门楼等扎景随处可见。至清代，菊花栽培已极为鼎盛，菊花造型技艺也逐渐提高与成熟，出现了非常丰富多样的菊花造型，这可以从广东小榄地区盛行的菊花会中窥见一斑。《中山文史·小榄菊花大会史记》中载有乾隆年间的“菊花会”盛况:“其花式甚多，如三丫六顶式，双飞蝴蝶式，扭龙头式，扒龙舟式，林林总总，不一而足”，可见当时菊花造型之多样；其又有“故花时开齐，层层如园之规，幢幢若伞之盖，每株花头多者，动辄四五百朵，占地丁方可八九尺许，俨然若一座花丘……”。由此可见，当时菊花造型中的每朵小菊开花整齐，数量可达四五百，足见其造型技艺之精湛了。对清代小榄菊花会情景的描述曾有“辟花坞，堆花丛，砌花路，缀花屋、拱街，搭花桥，架花涵，盖花楼，到处如栗里风光，樊川逸景”。可见清代艺菊者已十分擅长扎制各种形式与体量的菊花造型了。清末以后，国家内忧外患，战争频繁，人们无力顾及艺菊事业，致使菊花栽培和造型技艺一度处于停止的状态。建国后至今，我国艺菊事业向着科学化、现代化发展，掌握了组织培养、化学诱变、人工杂交、理化处理等科技艺菊手段，菊花栽培造型技术得到了恢复与新的发展，全国各地兴起大大小小的菊花展，同时展览形式也变得丰富多样。现今，菊花展已成为人们休闲文化生活中的重要组成部分。

天坛菊花展始于1959年，之后由于历史和场地等原因几度停办，直到1996年菊展才固定下来，于每年11月份举办。展览地点曾辗转绿化一队队部、斋宫①、北宰牲亭②、神乐署等地。2005年随着神乐署对外开放，终将菊展举办地点固定在神乐署。

天坛菊展最初只是进行菊花栽培品种的展览，内容与形式相对单一，之后发展为以大立菊裱扎造型、造景等为主的展览，辅之以科普展板，主要介绍菊花栽培历史和栽培方法等。近几年，随着“文化建园”思想方针的深入，天坛菊展逐渐把重心转移到“文化”上，力求以菊花展览为载体、以菊花多变的裱扎造型和菊花自身的文化为媒介，来向人们展示天坛文化和中国传统文化内涵。如今，天坛菊展已经集特色花卉、特色展场、特色文化三者为一体，既展示了天坛人高超的养菊技艺，又展现了天坛与中国传统文化丰富的文化内涵，可谓在北京众多的菊展中独树一帜。

除天坛菊展外，天坛还每年选送菊花参加北京市菊花展和中国菊花展览会③等，1980年北京市园林局与当年成立的北京市菊花协会在北海公园共同举办了第一届北京市菊花展览，并商定此后每年11月份举办，从1980～2011年天坛已参展32届。天坛选送的品种菊在北京市菊花展和中国菊花展览会上都取得了多项殊荣。

---

① 斋宫为中国古代皇帝祭天前进行斋戒的场所。

② 宰牲亭为祭祀前准备牺牲之所。天坛有南、北两处宰牲亭。

③ 从1982年开始举办，至今已举办10届，为国内最具影响的菊花展览盛会。

天坛历年菊花展概况（1959～2011年） **表1-2**

年份	主题	展览地点	展出概况
1959年	——	皇乾殿	用菊花裱扎“和平鸽”、标语文字
1960年	——	斋宫河廊	菊花和蔬菜展览。朱德委员长一周内2次来天坛参观菊展，买走一盆独本菊并题词：“不要把公园办成农场”
1961年	——	北宰牲亭长廊	展出新品种200盆，天坛杂交育种达到一个高峰期
1961年	——	祈年殿西配殿	大立菊展览
1962年	——	皇乾殿	展出部分杂交品种和悬崖菊
1963年	——	北宰牲亭长廊	大型菊展
1964年	——	皇乾殿	小型菊展。朱德委员长第3次到天坛参观菊展，并题词：“要兰花和菊花一并发展”
1965年	——	皇乾殿	小型菊展
1975年	——	皇穹宇东西配殿	——
1979年	——	斋宫寝宫	小型菊展
1980年	——	北宰牲亭	小型菊展
1981年	——	长廊	小型菊展。设7间展室。因天气寒冷10天后参展菊被冻坏
1982～1984年	——	北宰牲亭	小型菊展
1996年	金秋胜春	绿化一队队部	菊花月季联展。设5个展室。大立菊每株花头可达800～1000朵，号称千头菊。悬崖菊长近4m。菊花协会张树林、刘宛芳、薛守纪等领导前来参观并题词
1997年	钟韵秋香	斋宫	菊花月季联展。设7个展室。北京市菊花协会理事刘宛芳、薛守纪、王凤祥、王若祥、王静，花卉专家朱秀珍、杨忠英、陈来、李成林等到天坛参观
1998年	古坛秋韵	北神厨	主景为祈年殿造型
1999年	古坛飘香	北宰牲亭	大立菊、悬崖菊裱扎有所突破，大立菊裱扎成球形，悬崖菊裱扎成花瓶形
2002年	天坛公园菊花展	斋宫	小型菊展。共设3个展室
2003年	菊韵秋香	斋宫	设4个展室。用多盆大立菊裱扎成蝴蝶图案
2004年	秋之约	斋宫	菊花月季联展。展览融入了历史文化故事等内容，并加入背景音乐，开始设立讲解
2005年	和风送爽	神乐署	设6个展室。使用菊花裱扎人物造型，宣传和谐文化
2006年	玉德菊韵	神乐署	设6个展室。宣传菊文化、玉文化及和谐内涵。北京市菊花协会相关人员参观

续表

年份	主题	展览地点	展出概况
2007年	奥运中国·礼仪天下	神乐署	设6个展室。菊花造型与科普展板相结合
2008年	神州巨变三十年	神乐署	设6个展室。首次印制了宣传折页
2009年	六十年中国·人寿年丰	神乐署	设6个展室。特色为小菊盆景
2010年	美丽都市	神乐署	设6个展室。其中大立菊裱扎祈年殿造型为本届菊展的主要景观。菊展主题为宣传首都北京，祝愿北京尽快成为世界城市
2011年	强国之路	神乐署	设5个展室。展示悬崖菊2个大花瓶和2个球形造型、2个大盆景和一座菊花裱扎的宝塔

天坛历年参加北京市及全国菊花展览概况（1955～2011年）　表1-3

年份	展览名称	展览地点	参展情况与所获奖项
1955年	北京市菊花展览	北海公园	——
1956年	北京市菊花展览	北海公园	——
1957年	北京市菊花展览	中山公园	——
1958年	北京市菊花展览	中山公园	——
1959年	北京市菊花短日照展览	中山公园水榭	送展独本菊、大立菊
1962年	北京市菊花展览	中山公园	送展品种菊1500盆、悬崖菊500盆及大立菊
1964年	北京市菊花展览	北海公园	送展大立菊120盆、品种菊800盆
1965年	北京市菊花展览	北海公园	送展品种菊727盆、悬崖菊150盆、大立菊490盆。悬崖菊长达2～3m，大立菊有8盆花朵达到500～800头，最多一盆达1270朵
1980年	北京市第一届菊花比赛会	北海公园	——
1982年	第一届中国菊花展览会	上海	焦宝琮培育的绿牡丹、绿云、凤凰展翅、鸳鸯荷等获4个二等奖，1个三等奖
1984年	“花卉上街”花坛组摆	复兴门	进行4个花坛组摆
1985年	第二届中国菊花展览会	上海	李瑞甫培养的悬崖菊获第一名

续表

年份	展览名称	展览地点	参展情况与所获奖项
1989年	第三届中国菊花展览会	杭州	获菊花品种标本菊集体冠军
1992年	北京市“金秋佳菊满城香”菊花展	玉渊潭公园	天坛布置的景点获“展出艺术奖”
	第四届中国菊花展览会	无锡	获布展三等奖，百菊品种大赛金牌，悬崖菊三等奖
1993年	菊艺精品展	玉渊潭公园	获悬崖菊一等奖，嫁接塔菊二等奖
	北京市第十四届菊花展览	北海公园	获布展三等奖，大立菊栽培一等奖，悬崖菊一等奖、塔菊栽培一等奖，裱扎“振兴中华”获三等奖，“长风万里”等5个品种及插花获奖，共11项
1994年	北京市第十五届菊花展览	北海公园	获布展三等奖，塔菊造型二等奖，“五色芙蓉”等品种获奖，共计14项
1995年	北京市第十六届菊花展览	北海公园	获布展一等奖，大立菊造型一等奖，悬崖菊造型一等奖，塔菊造型二等奖，大立菊创新栽培造型奖及“绿松针”等品种获奖，共计18项
	第五届中国菊花展览会	成都	获菊花品种展览铜牌，悬崖菊二等奖，多头黄鹤衔珠三等奖，北京市园林局颁发了“中国菊花品种展览百菊赛优秀奖”
1996年	北京市第十七届菊花展览	北海公园	获参展二等奖，悬崖菊、大立菊、独本菊、三五朵等获奖，共计16项
1997年	北京市第十八届菊花展览	北海公园	获布展二等奖，大立菊、标本菊、悬崖菊等获奖，共计27项
	花卉博览会	上海	参加花卉博览会布展
1998年	北京市第十九届菊花展	北海公园	获优秀奖，悬崖菊、标本菊、大立菊获奖，共计5项
	第六届中国菊花展览会	合肥	送展菊花获菊花品种展览纪念奖，大悬崖二等奖
1999年	北京市第二十届菊花展	北海公园	获布展一等奖，大立菊、悬崖菊获奖，共3项
	世博会	昆明	送展菊花月季栽植在北京“万春园”内，姊妹花争艳
2000年	北京市第二十一届菊花展	北海公园	获布展一等奖，大立菊、悬崖菊获奖，共3项
2001年	北京市第二十二届菊花展	北海公园	获布展二等奖，标本菊、五朵菊、三五朵、悬崖菊、大立菊等获奖，共计22项
2002年	北京市第二十三届菊花展	北海公园	获布展一等奖，“秋湖观澜”等品种获奖，共计48项
2003年	北京市第二十四届菊花展	北海公园	以“秋音”为题布展，获布展最佳奖，大立菊、标本菊、多头菊获奖，共计51项

续表

年份	展览名称	展览地点	参展情况与所获奖项
2004年	北京市第二十五届菊花展	北海公园	获布展一等奖，悬崖菊、大立菊、品种菊、案头菊、多头菊获奖，共计47项
	第八届中国菊花展览会	上海	大悬崖菊获得银奖
2005年	北京市第二十六届菊花展	北海公园	获布展二等奖，独本菊、多头菊、大立菊、悬崖菊获奖，共计50项
2006年	北京市第二十七届菊花展	北海公园	获最佳布展奖，悬崖菊、独本菊、大立菊获奖，共计33项
2007年	北京市第二十八届菊花展	北海公园	以“奥运盛典 菊韵八音”为题布展，获布展一等奖，品种、悬崖菊获奖，共计19项
2008年	北京市第二十九届菊花展	北海公园	获布展一等奖，品种菊、多头菊、大立菊、悬崖菊获奖，共计12项
2009年	北京市菊花协会30年回顾展	北海公园	获最佳贡献奖，品种菊“君子玉”获品种比赛一等奖，插花作品“春晖秋韵”获三等奖
	第七届花卉博览会	顺义	送展菊花“棕掸拂尘”、“瑞雪祈年”等18个品种与送展月季一起获得最佳参展奖
2010年	第二届北京菊花文化节	北海公园 北京植物园	获北海展区展台布置一等奖，大悬崖菊一等奖1个、二等奖1个，独本菊“嫦娥奔月”三等奖。北京植物园展区造型菊一等奖，地被小菊二等奖，小悬崖三等奖。天坛“祥龙贺华诞”等花卉布置，被评为2010年“北京最美菊花景点”
2011年	第三届北京菊花文化节	北海公园	获布展三等奖，盆景获1个一等奖，2个二等奖

（二）天坛菊展精彩景点与造型

1．1999年“古坛飘香”菊花展

图1-64 “金爵庆典”（以“爵”寓意“9”和“崛起”双重之意，庆祝中华人民共和国成立50周年）

图1-65 “九天祥云”（用菊花裱扎天坛祈年殿造型，天坛祈年殿是天坛乃至北京城市的形象标志）

2．2004年“秋之约”菊花月季联展

图1-66 “菊庆有鱼”（用大立菊裱扎成鱼的造型。表达对吉祥如意、年年有余的一种祝福）

图1-67 蝴蝶和花篮造型（用大立菊和悬崖菊裱扎而成，营造“国泰民安 繁花似锦 引五湖四海蝶纷至”的场面）

图1-68 扇子造型（为悬崖菊裱扎。京剧脸谱为关羽脸谱，他是忠义的代表人物。扇子是京剧中常用的道具。此景点为京剧脸谱和扇子的巧妙结合）

图1-69 孔雀造型（为悬崖菊裱扎而成）

3．2005年“和风送爽”菊花展

图1-70 “众桨力谐”景点（龙舟造型，龙舟和船桨都由悬崖菊裱扎而成，船身长5m，宽3.5m。整个造型气势恢弘，犹如蛟龙出水。此龙舟造型的设计可谓是匠心独具，船桨的设计也很有韵味，设计者以龙舟寓意中国，以船桨寓意齐心合力，表达的是只要众人划桨力相谐和，中国这艘巨船必然能够乘风破浪，越四海，达三江。强调了和谐的重要性）

图1-71 “琴瑟和谐”景点（“琴瑟”为大立菊裱扎而成。《诗经·小雅·常棣》中曰：“妻子好合，如鼓瑟琴。”后人常用“琴瑟之好”来比喻夫妻间的感情和谐美满。琴瑟和谐奏佳音，只有琴瑟和谐，相互呼应，才能够奏出动听的音乐，表现的是和谐的重要性）

图1-72 “伯牙抚琴”造型（为大立菊裱扎而成。他神态安详，动作清新飘逸，似在向前来参观的游客娓娓讲述着高山流水谢知音的故事。造型旨在表现音乐与和谐之间的关系，同时也想借此告诉人们鲜花和音乐都同样需要知音才能欣赏的道理）

4．2006年“玉德菊韵”菊花展

图1-73 “卞和献玉”造型（为大立菊裱扎而成。借卞和的故事表现菊花和玉的持之以恒，坚贞不屈的高尚品德）

图1-74 “琮、璧”造型（黄琮为二棵大立菊裱扎而成，高3m，宽近1m；玉璧为一棵大立菊裱扎而成。“苍璧礼天，黄琮礼地”。选用礼器“琮”和“璧”共同彰显着中国玉文化和“礼”在华夏文明中与众不同的魅力）

图1-75 “钟、磬”造型（为菊切花插制而成。钟，铜制；磬，玉制。钟磬是“八音”之二，“编钟”、“特磬”是中和韶乐主奏乐器。“金声始、玉振止”，强调“礼、乐”与和谐之间的关系）

图1-76 “灯笼”造型（为大立菊裱扎而成。“明灯皓月为相伴，崇德君子必有邻”，以造型表现有德之人并不孤单，仿佛灯笼在黑暗中给人以光明，指引人前进的方向）

图1-77 “贾宝玉”造型（借贾宝玉和林黛玉的故事来展现何为真玉，玉具有真性情这样的特质）

5．2007年“奥运中国·礼仪天下”菊花展

图1-78 “以茶示礼”景点（以中国传统“以茶示礼”的风俗造景，传播中国传统文化，并寓意在奥运来临之际，以茶待客迎接各方来客）

图1-79 “排箫”造型（为大立菊裱扎而成。箫，竹制。排箫是“八音”之一，演奏中和韶乐合奏乐器。造型为祭天用“皇帝御制”）

图1-80 “广袖长歌”景点（“袖”作为一种表演形式的存在，在我们中华民族传统文化的沃土中源远流长。古时素有“长袖善舞”之说，具有独一无二的中国民族特色）

图1-81 “北京欢迎您”景点（迎接2008年奥运庆典）

6．2008年“神州巨变三十年”菊花展

图1-82 “神舟七号”造型（用艺菊裱扎出轨道舱的造型，以此展现中华民族实现了飞天梦想）

图1-83 “京剧脸谱”造型（用菊花插出脸谱的造型，展现中华民族的古老文明）

图1-84 “盛世中华”景点（用艺菊裱扎奥运祥云图案，用鲜菊花插出奥运圣火接力盆。圆盆、四柱、八方，象征着全世界的人们团聚在奥运圣火的光辉之下，展现盛世中华的风采）

图1-85 “飞天仙女”造型（以盛唐为背景，用艺菊裱扎结合立体雕塑制作，展示中华民族追求美好、促进交流的民族梦想）

7．2009年“六十年中国·人寿年丰”菊花展

图1-86 “人寿年丰”展室（“仁者长寿，勤者年丰”，用菊花裱扎丰收的大鲤鱼和吉祥长寿的梅花鹿，祝愿祖国繁荣富强，祝愿人民生活幸福美满）

图1-87 “乐庆小康”展室（“小康”这一词，凝聚着炎黄子孙对幸福生活的憧憬和期盼。用菊花裱扎欢庆锣鼓和满载丰收果实的竹篮，表达在这菊花盛开的金秋，人民用欢歌笑语庆祝丰收、庆祝祖国的生日）

图1-88 “宫灯”造型（庆祝祖国六十华诞，展现喜庆节日里人们的喜悦心情）

图1-89 “松鹤延年”景点（松是长寿的象征，鹤被视为高洁、清雅的吉祥之鸟。“松鹤延年”祝福祖国吉祥长寿）

图1-90 “玉兔”造型（用“玉兔捣药，幸福将至”的美好传说，祝福祖国繁荣昌盛，祝福人民幸福安康）

图1-91 “寿山福海”展室（“寿比南山松不老，福如东海水长流”，用菊花裱扎南极仙翁造型，配合展出菊花盆景以及寿山石，祝福祖国繁荣昌盛，人民幸福安康）

8．2010年“美丽都市”菊花展

图1-92 “绿色都市”展室（用悬崖菊裱扎的孔雀和微缩的鸟巢造型营造了人与自然和谐相处的场景。表达鸟语花香所带来我们的绿色生活，我们将建设一个拥有天更蓝、地更绿、水更清的绿色都市）

图1-93 “文化都市”展室（京剧是中国国粹，用菊花裱扎巨型扇面造型，京剧脸谱点缀其上，背景图片展现戏曲“白蛇传”、“贵妃醉酒”，以此表现文化都市的面貌）

图1-94 “祈年殿”造型（营造出都市生活场景，寓意北京历史悠久、文化底蕴深厚，众多的皇家园林景观成为我们的都市特色）

9. 2011年“强国之路”菊花展

图1-95 “红色圣地”景点

图1-96 “巨龙腾飞”景点

弘扬传统美德，共建和谐社会
——记天坛公园2006年“玉德菊韵”菊花展

玉，石之美也。其有五德：仁、义、智、勇、洁。古人推崇玉，将其视为君子的化身。《礼记·玉藻》中有云：夫玉者，君子比德焉。

“露凝千片玉，菊散一丛金。”古人爱玉的温润柔和，沉静蕴藉，亦爱菊的力拔脱俗、冰清玉洁。菊花，“梅、兰、竹、菊”四君子之一，千百年来，它以其傲然风霜的精神和凌霜不凋的气魄赢得了世界人们的一致喜爱，成为了君子之节、义士之操的永恒象征。

本届天坛2006年菊花展以“玉德菊韵”为主题，设有“玉之洁”、“玉之坚”、“玉之仁”、“玉之礼”、“玉之情”和“玉之思”6个展室，共计十余个景点。“盈园秋色赏不尽，德行二字系心间”，此次菊展以菊花和玉为载体，以“弘扬传统美德，共建和谐社会”为主要立意点，深刻发掘菊和玉文化的“德”之内涵，以及古代哲学思想与“和谐”之间相辅相成的关系，以景寓情，由景表意，展现了菊花的美，同时也表达了人们对当今共建社会主义和谐社会的美好祝福。

一　第一展室：玉之洁

“洛阳亲友如相问，一片冰心在玉壶。”王昌龄的这首诗流传千古、经久不衰，在此诗中，我们看到了其君子的品行，似冰般清澈、如玉般无瑕。“玉之洁”展室也正是根据此诗中的这种意境来进行立意和布景的。

窗外寒风瑟瑟冻人心魄，屋内情意融融暖人心扉。步入此展室，最先映入我们眼帘的便是悬挂于墙正中央的古代冰裂纹窗棂，透过窗棂，秋天霜叶飘零的落寞景象便呈现在了我们面前。秋色萧萧，寒意正浓，而展室内却到处充满了温馨与和谐。此展室被布置成一个对饮的场景，窗棂下的八仙桌上放置着一个用菊花插制而成的玉壶，其线条细腻、婉转，堪称佳作，尤其是在菊花的陪衬下，更是别具韵味。

“冰清玉洁”，不仅是玉所具有的德行，同时也是菊花的精神所在。菊花，“梅、兰、竹、菊”四君子之一，它在万花凋谢的季节超然入世，不与群芳斗艳，不与桃李争春。千百年来，它的这种淡定从容的内质与凛然的气魄成为了历代文人骚客和君子不变的精神追求和永恒象征。

“采菊东篱下，悠然见南山。”陶渊明的这首诗犹在耳畔，其与菊花相依相伴的情景也似在眼前，那种和谐、自然、超脱的境界就像这菊之香气、这玉之灵魂，拂动着我们的心扉，使我们的心豁然间开朗在这天地之间，自此变得宁静而深远。

“玉壶洁冰心净君子心相应，西风劲霜叶零佳友喜相逢”，在这秋意盎然之季，让我们敞开心扉，邀菊花做客、与美玉为伴，携手相约在这良辰美景之中，赏奇葩，会佳友，把酒言欢，共享这知己相逢所带来的那份难言快乐，其情何等融融，其景仿佛梦中。

二　第二展室：玉之坚

玉，天地间的钟灵毓秀，大自然的鬼斧神工，其不仅具有美轮美奂的容貌，更具有折而不挠的内心。

“宁为玉碎，不为瓦全”，从古至今，它的这种美德一直为后世所传颂，其精神就像这满园的菊花一样，含曜吐颖，濯濯然独立于此霜露之中，其心昭如日月，其德气如长虹。

“玉之坚”是一个品种展示的展室，其中摆放了很多珍贵的菊花品种。有象征高贵的“绿牡丹”，有将军风范的“帅旗”，还有富贵妖娆的“金背大红”……它们在这秋的季节里舞动着自己秀美的身姿，展示着自己与众不同的魅力。

天坛公园有着悠久的养植菊花的历史。在明清时期，天坛神乐观的道士就曾以养菊为乐，当时达官显贵有往神乐观观花之俗。但之后朝廷禁止神乐观道士养花,天坛菊花也因此逐渐凋零。

本届菊展是历届天坛菊展中规模最大的一次，共展出菊花2000多盆，品种近500个，囊括了所有天坛的自培自育品种，并展出了很多引进的菊花品种，包括“折缨强楚”、“太平丝竹”、“圣光宝船”、“骏河的酒仙”、“岸的黄红”和“月之光”等。

本次菊展除了在规模上堪称第一之外，在造型上也有很多创新之处。造型方面，在去年由规则式向不规则式转变的基础上，进一步采用了硬质材料与花材相结合的方式，以菊花为主，以各种材料的修饰为辅，裱扎出了玉壶、玉兔、琮、璧、钟、磬以及菊花人等造型，它们或气势磅礴、或栩栩如生，展现了菊之秀美，同时也表现了菊花艺人们在塑型上的精湛技艺。

“玉之坚”是本次展览的第二个展室，在这个展室里，除了展示菊花的各种历史珍贵名品，设计者还意在通过卞和献玉这样一个故事向人们传达玉与菊花所共同具有的持之以恒、顽强不屈的精神。

此展室的正中央便是用大立菊裱扎的卞和造型，其神态恬静、安详，是经历了沧桑之后的那种平和，更是经历了苦难之后的那种从容。在他的身边就是后来为大家所熟知的“和氏璧”，玉璞打开本该显露其中的宝玉，可是我们看到的却是那傲然绽放的菊花，在这里，菊就是玉，玉也化作了菊，它们的精神在这瑟瑟的秋风中相融相生，共同展现着它们不俗的风貌与气质，同时也似在向人们娓娓诉说那千古流传的卞和献玉的动人故事。

“独立寒秋风霜难摧匹夫志，三献玉璞血泪更坚君子心”，相传在春秋时代，楚国有个叫卞和的人，他在山上发现了一块璞玉，真心诚意地献给楚国的两代君主，但是却因为君主不识宝玉，而被君主分别砍掉了双脚。后来楚国的第三代君主楚文王即了位。卞和听到这个消息，便抱着那块璞玉在荆山脚下哭了三天三夜，他哭干了眼泪，眼睛里也淌出了血。他的这份真情终于感动了楚文王，他找来玉匠剖开那块璞玉，经过雕刻，结果竟然得到了世间最为罕见的美玉——“和氏璧”，从此之后，和氏璧便成了历朝历代极其名贵的珍宝。

卞和献玉的故事家喻户晓，而他的那种“宁为玉碎，不为瓦全”的精神也一直为世人所传颂，人们感动于他的至诚至信，同时也为他的这种持之以恒的精神所深深折服。

只要抱得鸿鹄志，苦尽甘来方成真，无论是人还是社会，在追求理想的道路上，都会遇到各种各样的艰难险阻，但是只要我们抱有坚定的理想信念，并按照此目标勇往直前，那么相信理想终会实现，美梦定会成真。

三　第三展室：玉之仁

“玉德学说”始于周初，而成熟于春秋时代，以孔子为创始人的儒家学派，继承并发扬了西周以来“比德于玉”的思想，将“玉德学说”发展到了极致。

《礼记·聘礼》中记载了玉的十一种德：仁、知、义、礼、乐、忠、信、天、地、德、道。对于玉的这十一种德行，孔子是这么解释的：“温润而泽，仁也；缜密以栗，知也；廉而不刿，义也；垂之如队，礼也；叩之其声清越以长，其终诎然，乐也；瑕不掩瑜，瑜不掩瑕，忠也；孚尹旁达，信也；气如白虹，天也；精神见于山川，地也；圭璋特达，德也；天下莫不贵者，道也。”

十一德说之后，玉还产生过九德说、七德说和五德说，但无论是哪种学说，他们都把“仁”放在了学说最首要的位置上。“仁”是儒家学说最主要的方面，孔子曾经这样说道：“人而不仁，如礼何！人而不仁，如乐何！”“仁”是玉的质感和本质，同时也是儒家思想的道德基础。

“玉之仁”展室正是针对“玉德学说”和“仁”字在“玉德学说”中的这种重要地位来进行立意和布景的。“仁、义、智、勇、洁”五幅硕大的字画悬挂于此展室的墙上，笔触古朴有神，笔锋苍劲有力，设计者通过此字画为我们营造了一种极其浓郁的文化氛围，徜徉于此，我们仿佛置身于中国古老、深远的文化长河之中，品味着古人为我们准备的一道丰盛的文化大餐。

“仁”是玉的最本质特征，其与菊花的内质也有着千丝万缕的联系。古人云：“仁者寿。”菊花亦以其健康的形象一直被称为寿客，成为了长寿的永恒象征。“菊分七色黄称尚，玉有五德仁为先”，菊花有很多种颜色，宋代刘蒙在其《刘氏菊谱》中将其中的五种颜色进行了等级划分，分别为黄、白、红、紫和青绿，菊花颜色的这种划分与当时的皇权为尊有着密不可分的关系，这可能也是菊花一直被认为是高贵、吉祥象征的主要原因。

菊花历寒始飘香，璞玉经雕方成器。无论是菊花还是玉，它们的这种精神，都是经过千锤百炼、千辛万苦修炼而成的，人如此，社会亦如此。

现今，我国提倡建设社会主义和谐社会，它寄寓了我们党和政府追求美好的伟大理想，同时也是中华炎黄子孙千年梦想所系。建设社会主义和谐社会任重而道远，但是只要我们万众一心、同声同气、同心同德，我们有理由相信“和谐”这一古人所憧憬的社会模式必将离我们不再远矣。

“仁”为爱，人与人之间相处需要爱，社会和谐需要爱，同样菊花的孕育、绽放傲人的芬芳亦需要爱。玉在山而草木润，仁存心则万物苏。愿世间万物都保有“仁爱”之心，在构建和谐社会的路上，你我永远相依相伴。

四　第四展室：玉之礼

玉在我国古代被视为是“上天之石”，为神物。所以从原始社会开始，它就被制作成各种图腾和祭天地众神的礼器。《周礼·大宗伯》记载：“以玉作六器，以礼天地四方，以苍璧礼天，以黄琮礼地，以青圭礼东方，以赤璋礼南方，以白琥礼西方，以玄璜礼北方。”而其中尤以“苍璧礼天，黄琮礼地”最为重要。

在“玉之礼”展室的正中央，设计者根据记载制作了两个大型的“琮”和“璧”的造型。黄琮为两棵大立菊裱扎而成，高3m，宽近1m，而玉璧为一棵大立菊裱扎而成。“琮”和“璧”掩映于金灿灿的菊花丛中，共同彰显着中国玉文化和“礼”在华夏文明中那与众不同的魅力。

“治国不为礼，犹无耜而耕也”、“为政不以礼，政不行也”，从古至今，

“礼”在整个国家政治生活中一直都占据着非常重要的位置，它就如同一把尺子，用来度量人的行为是否与德之要求相符合，可以说，社会稳定发展离不开“礼”，构建社会主义和谐社会更离不开“礼”。

巍巍中国，礼仪之邦，中国雅乐，源远流长。远古先民采撷大自然美妙的声音，创造了被称为“八音”的古代乐器，为“金、石、丝、竹、革、土、木、匏”注入了新的生命，“编钟”和“编磬”就是其中金石两种材料制成的乐器。“金声始、玉振止”，本展室的第二个景点便是用菊花制作而成的“钟”和“磬”的造型。“钟”、“磬”是八音之一，而八音也正是中国古典音乐的重要组成部分。

中国的古典音乐一直强调中和、平和，也就是谐和之美，其在音律上追求“律和声”和“八音克谐”，同时，这种以谐和为特征的音律又与天道相吻合，即所谓的“神人合一”。

儒家一直强调“乐”的作用，“乐云乐云，钟鼓云乎哉。”，孔子认为，“乐”能做到“和、节、度、中、平、庄、正、适”，它能使人行动整齐，从而达致和谐。

“礼”、“乐”思想是儒家除了“仁”之外最为主要的思想，《乐记》中这样写道：“乐者，天地之和也；礼者，天地之序也。和，故百物皆化；序，故群物皆别。乐由天作，礼以地制。过制则乱，过作则暴；明于天地，然后兴礼乐也。”可见，“礼”、“乐”就是一种“序”与“和”，它们之间彼此制约，彼此促进，社会方能稳定，发展方能和谐。

“明灯皓月为相伴，崇德君子必有邻。”本展室的第三个景点为一个用悬崖菊裱扎的灯笼造型。《论语》道：“德不孤必有邻”。灯笼在黑暗中给人以光明，指引人前进的方向，使人觉得不再孤单。有德之人，并按照德之行为规范来要求自己言行的人也一定不会觉得孤单，因为他们相信，这个世界上还有很多与他一样品德高尚的人，和他为伴。

“德为孰华”，德为美丽的花朵，德为丰硕的果实，它的孕育不仅需要汲取日月之精华、大地之甘露，同时亦需要有德之人的自我铸就。

古人以“礼”来约束自己的行为，以“乐”来陶冶自己的情操，那么，作为今天的我们又该如何修身以面对未来呢？笔者揣测这可能也是设计者想通过此展室所给予我们的启示。

“金声始玉振止承雅乐复振天宇，春泥润秋雨肥育贞芳韵透九州”。愿德之甘露润透你我心扉，同做有德之人，共建和谐社会。

五　第五展室：玉之情

古往今来，人们赋予了玉许多的美德，但其真正为人们所喜爱的，还是它的真性情，“瑕不掩瑜，瑜不掩瑕”。真正的美玉不仅应有温柔的容貌，更应具有这种鲜而不垢，折而不挠的至刚性情。

步入“玉之情”展室，最先映入我们眼帘的便是《红楼梦》中的贾宝玉造型，只见他身披红袍，头戴嵌宝紫金冠，一副倜傥的富家子弟装扮。

贾宝玉是《红楼梦》中的主要人物，他“衔玉而诞”，虽携通灵宝玉，却在那个时代被世人认为是顽石，但在作者曹雪芹眼里，他却具备了玉的最本质特征——真性情。他不仅有“玉树临风”的容止之美，“温润如玉”的性情之美，更有“玉洁冰清”的品德之美。

“假作真时真亦假，无为有处有还无”，《红楼梦》的故事流传千古、感人至今。我们在为其中的爱情和人物命运或喜或悲的同时，也为古人的智慧所深深折服，“何者为真，何者为假？”它将时刻警醒着人们，在其追求理想的路上时刻相伴。

《红楼梦》中不仅有玉文化，同时也蕴涵着菊文化。其三十八回“林潇湘魁夺菊花诗 薛蘅芜讽和螃蟹咏”中，就描写了众人齐咏菊花诗的场景，其中林黛玉的《咏菊》、《问菊》、《菊梦》三首诗夺魁。

“孤标傲视偕谁隐，一样花开为底迟。”黛玉叹菊之诗仍余音绕耳，木石前盟之情亦缠绵心间，菊之至情至信让世人敬佩，玉之真情真意令代代动容。

“质本洁来还洁去”，“世人谁解这份痴”，愿尘俗之中的这份可贵真情亦能蕴透这盈园的芬芳，使其唯美永远流连您的脚步，使其真情永远停驻您的心底。

六　第六展室：玉之思

带着对“德”的思考，我们步入了“玉之思”展室，此展室的主景是一只用大立菊裱扎而成的兔子造型，其通体洁白，神态憨拘可爱，使人不仅联想到了那日夜与嫦娥为伴的玉兔。

孝，作为德的一部分，自古便在我国占有着非常重要的地位，“百行孝为先”，古人把孝看作是德的源泉，是“仁、礼、义、信、强”的根本。

“金乌常飞玉兔走冬温夏凊，厚德载物天行健春华秋实”，“金乌”代表太阳，“玉兔”代表月亮，在此展室里，设计者就以文化遗产的标志“金乌”和“玉兔”为主要元素来表现“孝”在我国的重要地位，“日月变换，斗转星移，但孝心不变”，同时以“孝”为切入点，来引发人们对“修德”的思考。

《周易》里说：“天行健，君子以自强不息；地势坤，君子以厚德载物。”它启示人们世间万物都应不断修善其德，并时刻以德之行为规范来严格要求自己。

家庭的和谐离不开德，只有德的孕育，家庭才会绽放沁人芬芳的花朵，才会结出丰硕的果实。同样，社会的和谐亦离不开“德”，只有人人都保有德、做到德、付出德，整个社会才会成就四季温暖的人间。

徜徉于菊花丛中，感受着菊文化和玉文化带给我们的永恒魅力，我们的菊花之旅结束了，本届菊展带给我们的是一种历史文化的熏陶，同时也是一种深深的震撼。

在菊展中，我们似乎看到了中华民族五千年光辉灿烂的文化和他们所散发的古老智慧之光，他们的“德”之思想必将一直深深地影响着我们，给我们指引前进的方向。

菊花虽小，却韵味非凡。愿此花遍布世间角落，愿玉之德源远流长，“和”之风代代相传。

和平使者·京华月季

月季，又名月月红、月月花、四季花等，为蔷薇科蔷薇属的多年生落叶或常绿小灌木。月季花色绮丽、花大色美，是我国十大名花之一，有“花中皇后”的美誉。

月季原产自中国。据文字记载，汉代就有广泛的栽培。汉代宫廷花园中曾大量栽植月季。月季花一名最早出现在典籍中是始自宋朝，宋代的《益部方物略记》记录：“此花即东方所谓四季花者，翠蔓红花，蜀少霜雪，此花得终发，十二月辄一开，花亘四时，月一披秀，寒暑不改，似固常守。”这以后，明代高濂的《草花谱》、李时珍的《本草纲目》、王象晋的《群芳谱》都提到了月季花，而且记载了当时的月季品种。

1780～1824年，英国人从广州引走了4个月季品种，后经印度的东印度公司传入英国、法国、荷兰等数个欧美国家。

1935年，‘和平’月季由世界著名的玫瑰家族——梅昂家族的弗朗西斯·梅昂先生通过杂交育种培育而成。为了表达人类对和平的祈盼，1945年4月29日美国玫瑰协会将其命名为‘和平’。巧合的是就在‘和平’月季命名的这一天，苏联红军攻克柏林，德国战败。1973年，美国友好人士欣斯德夫人将‘和平’月季敬送给了毛泽东主席，人民代表大会第六次会议通过决议，将月季定为北京市市花。

一　天坛月季

（一）月季落户天坛

天坛月季栽培始于20世纪50年代。1952年，北京市建设局在天坛辟试验场。根据“南苗北移，四季有花”的园林绿化方针，1956年天坛从南方引进了月季进行盆栽养植。这一时期天坛的月季品种单一，数量极少，养护水平不

图2-1 蒋恩钿顾问在天坛

高，面临着繁殖、越冬等多项养护难题。

由于1959年建国十年大庆人民大会堂建成的月季园深受群众的喜爱，1960年经吴晗副市长推荐，自美归国的蒋恩钿女士受聘担任天坛月季顾问，与郑枕秋、刘好勤等天坛花卉技术人员合作，改进以往栽培技术，在当时无温室、圃地的情况下，采用“扣瓶法”进行扦插繁殖，培育出数千株月季花苗，率先解决了北方自根苗木不易快速大量繁殖的难题。之后蒋恩钿又协助天坛引进部分月季新品种。经过一年多的扩繁，天坛月季丰富了品种、扩充了数量。1960年冬，天坛采用“埋土防寒法”进行月季露地栽植越冬试验，并获得成功，解决了月季在北京地区难以露地越冬的问题。这两项措施为北方露地栽培月季创出了新路，也为天坛建设月季专类园打下了基础，由此开创了天坛月季栽培事业。

（二）建立月季园

20世纪60年代是天坛月季的快速发展期。1960年，月季、菊花被确定为天坛主要花卉。1961年，天坛开始修建月季园，至1963年建造完成。天坛月季园占地1.3万m^2，定植‘和平’、‘报春’、‘杏花村’等百余个月季品种，栽培月季7000余株。园内花台、花架、花篱均用月季栽培布置，别具一格，是当时中国最大的开放型月季园。作为当时国内第一个专类月季园，天坛月季园曾盛极一时，受到广泛的关注和游人的欢迎。党和国家领导人朱德、陈毅、张鼎丞、郭沫若等皆曾前来参观，对风姿绰约的月季大加赞赏。它的建成大大推动了天坛月季事业的发展，也推动了北京甚至国内月季的普及与推广。

1963年，为了将月季品种固定保留住，天坛在西柴火栏院内建立了一个小型月季品种圃，当时收集了100多个品种，同时绘制品种定位图以辨别品种名称。1964年，天坛月季在杭州全国月季工作会上被定为北方月季品种参照标准。

图2-2 天坛月季园初建成

同年，天坛成立专门负责月季栽培养植的队伍——月季班，从人员、场地、资料等各方面保证了天坛月季事业进一步发展壮大的基础。1965年，又在北天门西侧创办月季品种圃，绘制月季定位图、注明月季品种名称并标出位置。据统计，当时天坛月季品种达到360多个。经过长期不懈的收集与培育，1966年天坛月季品种达到了420个，成为当时北京市月季品种最多的单位，丰富的种质资源奠定了天坛在月季栽培领域的领先地位。

（三）“天坛月季”声名远扬

“文化大革命”开始后，天坛月季顾问蒋恩钿被迫离职，天坛月季栽培就此停滞，品种圃被毁，月季品种也大量流失。

20世纪70年代初，随着月季栽培在中国的逐渐兴起，天坛月季栽培事业也逐步恢复。1975年，天坛组建花二班，专门负责月季园月季养护，月季栽培养护逐步步入正轨。1976年，在中国农业大学哈贵增教授的指导下，刘好勤与

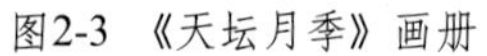

图2-3 《天坛月季》画册

图2-4 月季养植技师—— 刘好勤

徒弟李文凯开始了月季杂交育种和原子辐射伽马射线育种技术的尝试。经过不断的实践，于1978年培育出‘雪莲’、‘胭脂’、‘大绿洲’、‘大力士’、‘儿童乐园’等月季新品种。1978年成功嫁接育成独干月季，是北京最早的树状月季研究试验。

1980年，天坛公园出版了专门记述天坛月季种类及栽植方法的《天坛月季》，书中编辑有143幅月季品种照片，在社会上广泛流传。此书在当时产生了较大社会影响，英国皇家月季协会专门来函索要此书，天坛公园管理处赠予5本，成为英国皇家月季协会藏书。1981年，天坛月季品种已达530个。1983年，天坛公园管理处成立了品种组，专门负责月季品种的保留和繁育工作。这一时期，各省市纷纷慕名前来选购成套的月季品种，天坛成为月季发展传播基地，其月季养植技术水平得到社会公认，“天坛月季”自此声名远扬。

1984年，天坛栽培月季达600多个品种，花色更加丰富，除红、黄、绿、白、紫、粉等颜色外，还引进了蓝色品种，如‘蓝月’。1986年以后，天坛在月季栽培上推行栽培新品种，选用花大、浓香型、抗病性强的月季品种，将原有月季品种进行淘汰提选，逐步侧重于月季盆栽品种。1987年，天坛培育的‘高云’、‘胭脂’、‘儿童乐园’、‘大绿洲’、‘雪莲’新品种获得第一届花卉博览会科技进步奖。1988年，培育出月季品种‘富贵’、‘玫香’、‘霞辉’。次年，天坛利用月季‘葵影’与‘芳纯’为父本、母本，培育出新品种“荣华”。之后于90年代培育出“凯歌嘹亮”和“喜上眉梢”2个品种。

（四）新时期天坛月季养护

90年代后期，天坛的绿化美化工作逐步向营造天坛历史文化氛围转变，减少了花卉品种、数量与规模，主要进行月季园及月季盆栽品种养护，满足公园景观需求和展览需要。

2003年，天坛月季园进行了较大规模的改造，基本“八卦”布局没有改变，但是对栽培品种进行了全面调整，同时全面考虑藤本、地被、丰花等不同类型的搭配，丰富月季园的内容。改造后，月季园有各种类型月季200余个品种，达1万余株，既满足单株观赏需求，又满足了群体景观效果。改造后的月季园焕发了新的生机，当年9月，配合中秋赏月，在月季园进行了花控修剪。中秋之夜，皓月当空，数百个品种的万余株月季如期开放，营造了浓郁的喜庆氛围。之后，天坛一直重视月季园的栽培管理，每年及时补栽缺株。2010年，在北京市第二届月季文化节优秀月季景点的评比中，天坛公园月季园荣获“最美景点”的殊荣。

进入21世纪，天坛盆栽月季获得了长足的发展。在逐步筛选品种和积累经验的基础上，栽培技术得到了新的提高，实现了盆栽月季株型美观、上花量多、花大色艳、花开齐整等特点。同时在原来每年国庆节进行花控的基础上，结合每年的节庆活动和大型展览的要求，不断探索月季花控技术，使月季真正实现“一年四季长春”的美好意愿。例如：1997年7月1日喜迎香港回归对1000

图2-5 杰拉德·梅兰先生参观天坛盆栽月季（左二）

余盆‘红和平’进行花控；1999年3月15日香港花卉展时代表北京市送展月季花200余盆；2005年5月16日财富论坛在天坛举办，进行花期控制1300余盆。在此基础上，2006年、2007年夏季，为配合奥运会在北京召开，天坛盆栽月季进行了奥运期间的花期调控试验，进一步改进了修剪技术，提高了花期控制技术，使得月季大规模展示活动增加到三次，分别于春季自然花期、奥运花期和国庆节期间进行花卉展示。三次展示间隔期短，栽培、修剪技术得到考验，花期控制获得了成功。2008年8月8日，奥运会火炬在天坛传递期间，主要干道和景区摆放盆栽月季30余个品种、6000余盆，盛开的月季花营造了灿烂、热烈、喜庆的氛围，一条条花带铺设出了象征和平友谊的阳光大道。2009年“十一”为庆祝建国60周年，天坛在园内主要干道和主要游览区摆放月季花带、花钵和盆栽月季共计30余个品种14000余株，同时在神乐署举办了主题为“盛世欢歌”的月季展，展示精品月季500余盆百余个品种，树状月季19盆、老桩盆景月季8盆、微型盆景13盆、大型木桶月季8盆。可以说，天坛盆栽月季的栽培技术水平获得了快速发展，达到了一个新的高度。

2008年5月，世界月季协会联合会主席杰拉德·梅兰（Gerald Meylan）先生及夫人、中国月季协会副会长姜洪涛、蒋恩钿之子陈棣先生、澳大利亚新品种月季专家劳瑞先生、世界月季联合会远东区副主席津下效正先生、日本新潟月季协会会长石川直树先生等知名专家参观了天坛“京华燃圣火·天地共长春”月季花展及天坛月季园。杰拉德·梅兰先生认真观察了月季的株型、枝叶生长状态以及花朵直径、花色等，在祈年殿院内他激动地说：“地栽月季较易培养，而盆栽需要有高超的技术，天坛盆栽月季十分优秀，我的评价是‘perfect’，完美无缺。”

天坛月季的繁育经过近半个世纪的发展历程，至今统计在册的有327个品种，地栽和盆栽月季2万余株。

图2-6 牛建忠副园长与蒋恩钿之子陈棣交谈

图2-7 杰拉德·梅兰先生向天坛公园园长杨晓东授牌

二　天坛自培自育月季品种（部分品种）

■ 雪莲

1978年刘好勤培育。母本为“白玉丹心”。花白色，初放时略带粉红色，晕边，花型为高芯卷边，花径10～12cm，一般花瓣约40枚，花期较长，有微香。“雪莲”植株中高、半直立；叶小，有光泽；长势强健，抗病力强，是月季花中的佳品。

■ 大绿洲

1978年刘好勤培育。从自然杂交的实生苗中选育生成。花呈黄粉色转豆绿色，花瓣半圆，形如盘状，露芯。花径约为10cm，花瓣10～15片，有淡淡的芳香。植株半直立，多刺，叶色黄绿，长势一般。

■ 大力士

1978年刘好勤培育。亲本为Hongri × Mount Shasta。粉白色，边缘色稍深，高芯翘角，花径约16cm，花瓣约60枚。枝高，长势强健，为大花型品种。

图2-8 雪莲

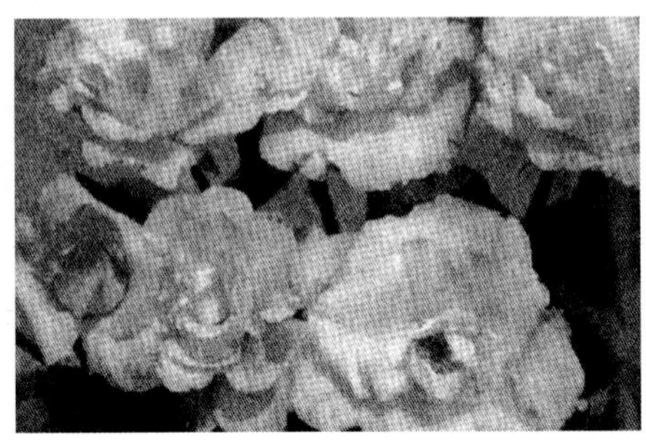

图2-9 大绿洲

图2-10 大力士

图2-11 玫香

图2-12 富贵

玫香

1988年李文凯培育。亲本为Karl Herbst。花玫瑰红色，花径12～15cm，花瓣60枚以上，心瓣较小，高芯翘角，不漏芯，浓香。叶平整，无光泽；枝条粗壮挺拔，节间稍长，分枝较少；生长强健，抗病性强。

富贵

1988年李文凯培育。亲本为My Choice。花玫瑰红至橘红色，花径12～15cm，花瓣45～55枚，瓣边微卷、有皱褶，双花芯。叶无光泽，波形皱褶；扩张生长，株形较矮；抗病力一般。北京市第十五届月季花展中获自育新品种特别奖。

■ 荣华

图2-13 荣华

1988年李文凯培育。亲本为La Jolla×Hojun。花肉粉色，花径约13cm，花瓣35～40枚，高芯翘角，不漏芯。叶较大，无光泽，重锯齿；枝条较粗；长势强健，抗病力强。

■ 霞辉

图2-14 霞辉

1988年李文凯培育。亲本为Gloaming×Gold Cup。花橙粉色有红晕，花径12～15cm，花瓣35～45枚，花型盘状，微卷边，露芯。叶平整，无光泽；枝条挺拔，节间长，近无刺；抗病力强，生长强健。

■ 凯歌嘹亮

图2-15 凯歌嘹亮

1995年李文凯培育。亲本为South Seas。花浅粉色，芯瓣较深，初开外瓣边微绿，花径13～15cm，花瓣50～60枚，花朵盘状，多花芯（3～4个），似牡丹形，浓香。叶有光泽，不平整；枝条粗壮，刺体较大；长势强健。

喜上眉梢

1999年李文凯培育。白色花瓣，边缘有宽窄不等的红晕，后期逐渐变深，花径约10cm，花瓣35～45枚，瓣缘微卷。叶光亮、肥厚；枝条粗壮，皮刺较大；长势强健，抗病力强。

图2-16 喜上眉梢

和平之神

2004年李文凯培育。亲本为Peace。花瓣黄色，瓣边有红晕，花径8～10cm，花瓣40～45枚，淡香，高芯翘角，不露芯。叶光亮，稍小；枝条稍细，皮刺较密；长势强。

图2-17 和平之神

奥运之光

2004年李文凯培育。亲本为Eiko 荣光。花基调黄色，间有深浅不同、宽窄不等的红色条纹，弱光时红色亦减弱，花径10～13cm，花瓣35～40枚，高芯翘角，后期露芯。叶面平整，有光泽；枝条绿色，刺较稀疏；植株半直立生长。

图2-18 奥运之光

图2-19 天坛荣光

图2-20 北京小妞

■ 天坛荣光

2004年李文凯培育。亲本为Eiko 荣光。花黄色，瓣边粉红，串黄、白条纹，花径10～13cm，花瓣35～40枚，花型盘状，半露芯。叶面平整，有光泽；枝条绿色，刺较稀；植株半直立生长。

■ 北京小妞

1995年李文凯培育。亲本为Caprice de Meilland ×“绿野”。花粉红色，有宽桃红边，瓣背稍白，瓣脉明显，花径12～16cm，花瓣50～60枚，有蜡质感，不露芯，甜香。叶色深绿，有光泽，锯齿大；枝条挺拔，节间长，近无刺；生长强健，抗病力强。

三　月季展览展示

天坛月季栽培兴起于20世纪60年代并逐渐发展起来，70、80年代向社会上输出月季品种，成为月季的发展传播基地，养植技术水平得到社会公认。1980年，北京月季协会成立，天坛成为单位会员，参加协会举办的活动，并逐年参加北京、全国性的月季展览，在历年北京市月季花市花展、全国性花卉大赛上获得多项荣誉证书。

在城市化迅猛发展的今天，面对人们对花卉文化方面的需求，天坛每年也都推出月季展览展示以满足人们的需要，让市花月季更亲民，让月季“和平之花”满天下。

图2-21 传递美好、和平、友谊，促进文化交流。2008年以奥运会火炬传递为契机，用月季和平之花迎奥运。丹陛桥月季花摆放两旁，直至祈年殿，象征着和平友谊的月季花绚烂多姿，同时寓意和平传遍五洲。

天坛月季展始于20世纪60年代，举办地点在月季园、长廊等地，有时和大丽花等花卉一并展出，直到2006年以后，才将月季展览时间固定下来，于每年5月份举办，并和菊花展一样，将展览地点固定在天坛神乐署。天坛早期月季展览多是进行单一的展摆，1996～1999年举办的是菊花、月季联展，从2004年开始融入文化元素，集展览展示、月季文化与中国传统文化于一体，并很好地利用天坛元素在造型及形式上进行创意，使月季展览更贴近于天坛文化，赋予了天坛鲜活的生命力，受到社会各界广泛好评。展览主题也多以时代为主旋律，为构建和谐社会服务，展示月季栽培技艺、普及月季栽培与欣赏知识、丰富人们的业余文化生活。

此外，天坛还积极探索月季在花坛及花带中的应用新形式。天坛早期月季花坛主要以月季品种混合组摆为主。1994年提出品种单独组摆，于是对大花盆栽月季进行了筛选与应用实践，目前筛选出适宜花坛花带使用的月季品种共计30余个，并先后于2006年秋季、2008年及2009年春季大规模从外地分批引进月季盆栽2万余盆，使得盆栽花坛花带品种的养植数量规模化。月季盆栽具有移动方便的优势，在圃地培育的大批量月季盆栽应用于天坛节庆日的花坛与花带中，烘托了节日氛围，收到很好的效果，成为天坛环境布置的一大特色。

图2-22 1978年天坛月季与大丽花合展

图2-23 1986年祈年殿院内月季花坛组摆

图2-24 1993年“纪念世界环境日”月季花坛

图2-25 1995年南门月季花坛

图2-26 1996年菊花、月季合展

图2-27 1997年菊花、月季合展

图2-28 1999年丹陛桥月季菱形花坛

图2-29 2000年北门月季花坛

图2-30 2002年丹陛桥“霞光漫道”

图2-31 2004年“秋之约”菊花、月季合展

图2-32 2005年月季花带

图2-33 2006年“端阳约瘦客”月季展

图2-34 2007年“天地同和”月季展

图2-35 2008年奥运月季展

图2-36 2008年“点燃圣火”月季花坛

图2-37 2009年“万寿愈长春” 月季展

图2-38 2009年“广袖长歌”月季花坛

图2-39 2010年“世博悦神州，春花映古坛”月季展

图2-40 2011年“红色旋律”月季展

天坛历年月季展概况（1978～2011年）　　表2-1

时间	主题	展览地点	展出概况
1978.6	——	长廊	月季、大丽花联展
1979.5	——	——	月季展。展览期间，北京人民广播电台、北京市电视台和《北京日报》都作了报道，吸引5万多人前来参观
1984.5	承办北京市第3届月季花赛	——	参赛300多品种，4000余盆。20世纪80年代以后国内外出现的月季新品种也参与在内
1988	——	长廊	300多个品种，千余盆
1996.11	金秋胜春	绿化一队队部	菊花、月季联展。月季进行了花期控制
1997.11	钟韵菊香	斋宫	菊花、月季联展
1999.9	普天同庆	北宰牲亭	展览配以插花、小品等
2000.5	承办北京市第21届月季花展	斋宫北河廊	展览以盆栽月季和艺术插花为主要内容。天坛荣获特殊贡献奖
2004.11	秋之约	斋宫	菊花、月季联展。开始增加文化方面的内容
2006.5	端阳约瘦客	设神乐署和月季园2个展区	设“端午竞舟”、“萧奏花舞”、“花乐同语”3个主题花坛。使用彩叶草、万寿菊、矮牵牛、栀子花作为辅助花材
2007.5	天地同和	设神乐署和月季园2个展区	设“天地同和”、“和风送福”和“八音和谐”3个花坛。摆放了月季知识科普展板40块，介绍月季相关知识
2008.5	京华燃圣火·天地共长春	设祈年殿、丹陛桥、月季园3个展区	盆栽精品技艺达到历年的最好水平。140余块月季科普展板同时展出
2009.5	万寿愈长春	神乐署	天坛科技文化周。同时展出科普展板30块
2009.9	盛世欢歌	神乐署	主题为庆祝建国60周年
2010.5	世博悦神州，春花映古坛	神乐署	表达对上海世博会的美好祝愿
2011.5	红色旋律	神乐署	迎接建党90周年

天坛历年参加北京市及全国月季展览概况（1980～2011年）　表2-2

年份	展览名称	展览地点	参展情况与所获奖项
1980年	北京市月季花赛	——	“天坛月季园”荣获第一名
1984年	花卉第一次摆上街头	复兴门立交桥四角	月季花坛
1987年	全国第一届花卉博览会	北京农业展览馆	获“科技进步奖”及“展出艺术奖”
	全国花卉赛	重庆	月季品种“艾斯米拉达”获“花王杯”奖
1992年	北京市第13届月季展览	中山公园	——
1993年	北京市第14届月季展览	中山公园	获布展一等奖，栽培一等奖，月季盆景奖，树状月季奖，自育新品种奖2个，“红和平+紫香云”、“霞光夕照+金奖杯”
1994年	北京市第15届月季展览	中山公园	获综合一等奖、新品种奖、盆景优秀奖、插花等共8项
1995年	香港花博会	香港	月季三等奖
	北京市第16届月季花展	中山公园	以“和平”为主题布展来纪念反法西斯战争胜利50周年。获综合一等奖，盆景优秀奖，自育新品种二等奖，树状月季一等奖，共4项
1996年	北京市第17届月季展览	中山公园	获综合二等奖
1997年	北京市第18届月季展览	中山公园	获综合一等奖、插花等共7项
1998年	北京市第19届月季展览	花木公司	获综合二等奖，插花、新品种等获奖。共计4项
1999年	99昆明世博会	——	送展菊花、月季，栽植在北京馆“万春园”内
	菊花月季展览	新疆乌鲁木齐植物园	派人指导菊花、月季花展览
	北京市第20届月季展览	花木公司	获综合纪念奖、插花等获奖。共计4项
2000年	北京市第21届月季展览	天坛	天坛承办并获特殊贡献奖
2001年	北京市第22届月季展览	北京植物园	获综合一等奖、插花等获奖。共计6项
2002年	北京市第23届月季展览	北京植物园	获综合、插花等获奖。共计5项

续表

年份	展览名称	展览地点	参展情况与所获奖项
2004年	北京市第24届月季展览	北京植物园	获盆栽月季综合金奖，插花等获奖。共计7项
2005年	北京市第25届月季展览	北京植物园	获盆栽月季特等奖，插花等获奖。共计5项
2006年	北京市第26届月季展览	北京植物园	获盆花一等奖
2007年	北京市第27届月季展览	北京植物园	获盆栽月季一等奖，插花获奖。共7项
2008年	第三届全国月季花展览暨北京市第28届市花展	北京植物园	布置景点“奥运耀京华，和平传五洲”，获造景银奖。盆栽4个、新品种2个、插花6个获奖。共计13项
2009年	“恩钿月季公园”建园	江苏太仓	赠送江苏太仓“蒋恩钿月季公园”建园月季14个品种及新品种150盆
	中国第七届花卉博览会	北京顺义	送展20个月季品种150余盆、15个菊花品种100余盆。经过花博会组委会评选获盆栽月季一项金奖、两项银奖、四项铜奖、一项优秀奖并获得最佳参展奖。共9个奖项
	北京市第一届月季文化节	北京植物园	送精品盆栽月季130余盆、木桶月季11桶。获月季造景评比金奖，月季品种‘赞歌’等获奖。共计5项
2010年	中国第四届月季花展	常州	参展品种23个、自育品种2个。获得月季（景区）造景艺术特别金奖。品种“芳纯”等自育品种获奖。共9项
	北京市第二届月季文化节	北京植物园	布置景点“花乐园”。参展品种20个、自育品种3个、造型3个。获得月季造景大奖。盆栽月季‘加里娃达’等品种、插花获奖。共计12项
2011年	北京市第三届月季文化节	北京植物园	布置景点“胜春之约”荣获月季造景特等奖

天坛月季园

一　月季园建设的提出

月季花是原产中国的世界名花，虽然有的外国人曾说："一个穆斯林不能没有到过麦加，一个月季工作者不能没有去过中国。"但20世纪50年代我国仅杭州有一处月季花园（属生产性质），50年代末期建成了人民大会堂月季园，但完全供观赏、游览、研究的月季园在大江南北尚且没有。由于北京地区气候寒冷，大部分月季品种不能露地越冬，所以在北京地区兴建月季专类花园存在着一定的难度。

60年代初期，随着繁殖月季技术（瓶扣扦插法）和月季露地过冬（简便的埋土防寒法）两大难题的解决，使得在北京地区建立月季园有了可能性。天坛当时已繁殖有月季小苗（扦插苗）近万株，含百余品种，这些植物材料给月季园的建设提供了物质条件。1961年，天坛开始修建月季园。

二　月季园选址

天坛原系明初的祭坛，占地273hm^2，坛域广阔，分为内外两坛。内坛区域北为祈谷坛，南为圜丘坛，形成一条建筑轴线，主要建筑均位于轴线或轴线两侧，周围环绕栽种古柏几千株，形成了庄严肃穆的气氛。

天坛内坛是游人主要游览区域，这其中西大门是游人的主要入口（公园共有4个入口），当时自西大门到祈年殿沿途1000余米的植物种类不够丰富，也无其他景点和游憩建筑，使游人颇感乏味，于是选定在园内东西主要游览园路的北侧，距祈谷坛约200m的古柏林西侧地段作为月季园的建园位置。这块地段南北长200m，东西长80m，地面上仅有少量杨树、银杏、合欢和散生侧柏，该地面南部还有几块月季花坛，地段西侧有公园的牡丹、芍药园，这些都成为选择此地建设月季园的有利条件。

三 月季园设计

根据此地段的面积、位置，月季园共设入口4个（东、南、西、北），东入口与祈年门外西砖门相对，南入口临入园主园路，西入口和百花园东西干道相对应，北入口临祈年殿西干道。由于游人主要来自南向，于是，确定了南门为主入口。

为使月季园较为开敞，园的四周不设栏杆、墙垣，而代之以植物材料的桧柏绿篱和蔷薇花篱，东西北3个入口处设较低铁管栅门，而主入口为花架式大门，在入口上方悬楚图南手书“天坛月季园”匾额，左右挂“月月繁开月月胜，季季香绽季季春”对联(后取消)，棚架旁配植月季藤本品种“粉金刚”形成花墙夹道，入口两侧延伸着长近80m、高1.6m的月季花篱，配植品种“火焰”，该种为藤本两季种（春秋开花），花朵密集枝头，花开时如一片鲜红，游人一进入西大门，便隐约可见。

月季园采用中轴对称的规则式设计，共分南、中、北三区。

南区：进入南入口的部分，面积4000m^2。南区是色彩热烈的花坛区，中心为一组八卦形式的花坛群，共分内外2层，各4个花坛，可栽植月季2500余株，其外层设带状花坛4个，面积共500m^2，植月季1500余株，再加两旁配植的树状月季、丰花月季，4000余株月季怒放，姹紫嫣红、五彩缤纷，加之芳香四溢，气氛十分热烈，令人目不暇接。南区的设计充分显示了月季品种繁多、花大色艳、色彩丰富，给人以幸福、和平的感受（月季是幸福、和平的象征），使人大饱眼福。

北区：名贵品种区，面积5000m^2。在这里对称分布了几块几何形状的草坪，铺栽北京土生土长的羊胡子草，草坪上点缀着白松、黄杨等常绿乔、灌木。这里不设大面积的花坛，只在草坪边缘小路旁设宽仅2m的带状花坛做草坪的镶边，花带总面积约500m^2，花坛内栽植较名贵的月季品种，每种只植数株，在绿色草坪的衬托下，更突出月季单株风姿和花朵之娇艳，利于单株欣赏，满足要求较高的游客对每个不同品种的特点进行品评欣赏和识别，也便于对品种特性观察记载，同时也方便画家写生作画。草坪北部建有一蔷薇花架，花架高2.5m、长30m、宽2.5～4m，总面积约100m^2，花架柱间设座凳栏杆，供游人休息，花架配植藤本月季品种。整个北区与色彩热烈、花坛密集的南区形成强烈对比，显得十分优雅恬静，使人感到轻松、愉快、安静，游客沿小径随意漫步、时走时停，两旁月季品种不断改变，可供游客欣赏品评。

中区：花台喷泉区，面积近4000m^2，中区位于两区之间，既是两区的分隔地段又起到两区过渡联系的作用。由于整个月季园地形平坦，这里在南北轴线上建一南北35m、东西30m、高0.6m的花台，台中心建一直径12m的圆形喷水池，花台的喷水池既是本区的中心，又作为南入口和北区花架的对景，中区的花台和喷泉起到很好的分隔空间的作用，同时这里向东北通过古柏空隙可透视祈年殿，向西可透视百花园中心的六角亭，借景入园增加了空间感，使人感到月季园平面不像实际那么狭长。

喷水池是天坛唯一的一块水面，虽面积不大（仅110m^2），但很增加园林趣味，且改善局部的小气候，使之湿润宜人，池内点缀少量盆栽水生植物如水葱、睡莲等，增加了活泼气氛，水池的泄水管通向南区的花坛用于灌溉。

在花台的边缘设宽不足1m的小花池，池中栽植微型月季，这种月季株形低矮但分枝多，纽扣大小的花朵缀满枝头，方便游人于台下步道上观赏，游人至此有别开生面的感受。游人登台，南望北视，主景尽收眼底。花台南沿中部设宣传牌，介绍月季科普常识。

月季园的3个分区有着各自不同的内容和风格，有着不同的景色变化，有曲折的游路供游客步行游览、观赏，而在园内四周还辟有通畅的环路以加强各区间的联系，同时也便于管理人员运输和喷药车辆的通行，在环路旁设石凳供游客休息。

为增加南北两区风景层次，在东西环路断续设置花篱配植藤本月季，游人徒步环路，景色有时开时合的变化，在环路的转角处设置立筒形支架配植藤本品种，编扎月季花柱花塔，而东南环路南侧草地上栽植一行高2m许的树状月季（高接月季），在路的北侧则栽植丰花类的月季如“杏花村”、“纽扣黄”等，以增加植物材料的变化。

四　月季园改造

月季园于1961年开始修建，至1963年建造完成。由于年头已久，其现状存在着很多的问题，其中主要有三点：①草坪生长高度参差不齐。月季园外围栽植的绿篱及藤本月季在之前的改造中已更换为冷季型草坪，但冷季型草坪由于品种不同，长势也会不同，这直接导致了草坪生长高度参差不齐的现象。②月季缺株现象比较严重。由于暖冬，原来盖蒲席防寒的办法已经不再使用，但是越冬的月季却受到了不同程度的冻害，缺株现象时有发生。③羊胡子草的去留问题。月季园北半部羊胡子草坪在建成时期是一大特色。如今在冷季型草坪于天坛公园大面积发展的当口，供观赏性远远不如冷季型草坪，特色渐渐失色。去留问题，在恢复历史原貌的思想影响下日益受到园林专业工作者们的关注。

2003年天坛按照总体规划的要求，本着提高景观效果的宗旨，对月季园景区进行了进一步集中的改造。改造内容主要包括：①全部更新月季品种，色块种植安排在北半部的新植区，栽植方式为片植，在雪松的衬托下，经过优选的月季品种，每个品种为一组沿路或草坪中“S”形栽植，中心草坪中大色块月季栽植成半月形，呈盛开之势。品种种植安排在南半部的改造区。藤本月季点缀在草坪中，丰花类和地被月季种植在月季园外围。此次共改造月季园5500余平方米，其中2000多平方米用于栽种月季，共新栽植品种月季、微型月季、丰花月季等200余个品种、1万余株（原八卦四块地的中心部分品种未更新）。②改善种植池土质。种植池深翻土壤50cm，进行筛土、整地、施肥等工作，并将原有土质增加松针土80m^3、草炭土150m^3，并掺配麻酱渣子6t和复合肥，以改善土壤的营养成分和透气效果。保证各种月季长势良好。③扩大冷季型草坪种植面积（中心草坪以北），取消羊胡子草坪。共11块3500m^2羊胡子草坪绿地经过旋耕、筛土等工作改种了冷季型草坪。同时进行了土壤改良，共清运渣土200余m^3。④月季园中部的高台喷泉，更换了喷泉喷头，喷泉形式为跳泉，并在喷泉池四周栽植了微型月季。⑤树下改种麦冬草，整体有别于月季"园"的概念，为月季种植区。⑥统一制作钢筋网拱棚，恢复冬季防寒。⑦更新和增加路牙等。

当月季花盛开的时候，您可以漫步花丛中，欣赏到您所喜爱的月季，月季花"叶里深藏云外碧，枝头常借日边红"，绚丽多姿。同时您可以观赏到一组时尚的跳泉，水线有节奏地在空中舞蹈、跳跃。登台南望北视，可览全园。

图2-41 月季园改造

图2-42 月季园防寒

图2-43 月季园改造后景观

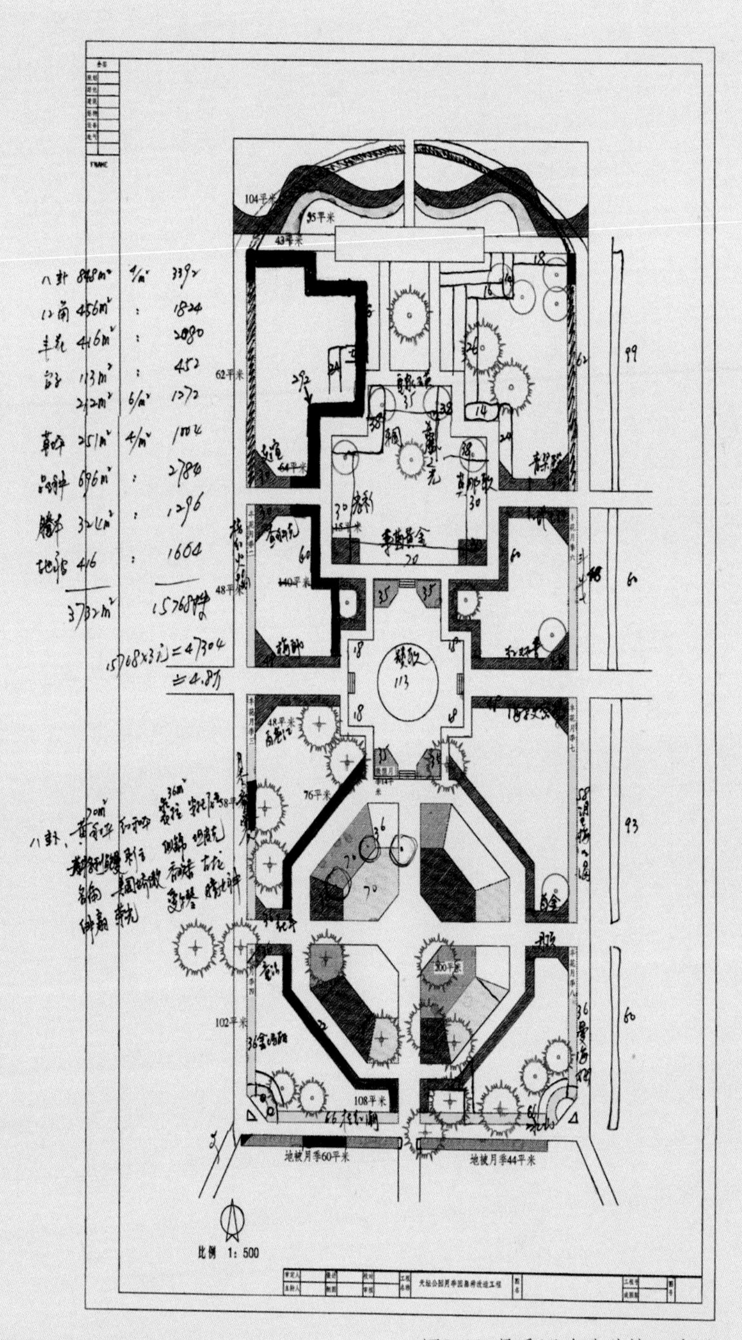

图2-44 月季园改造种植设计图

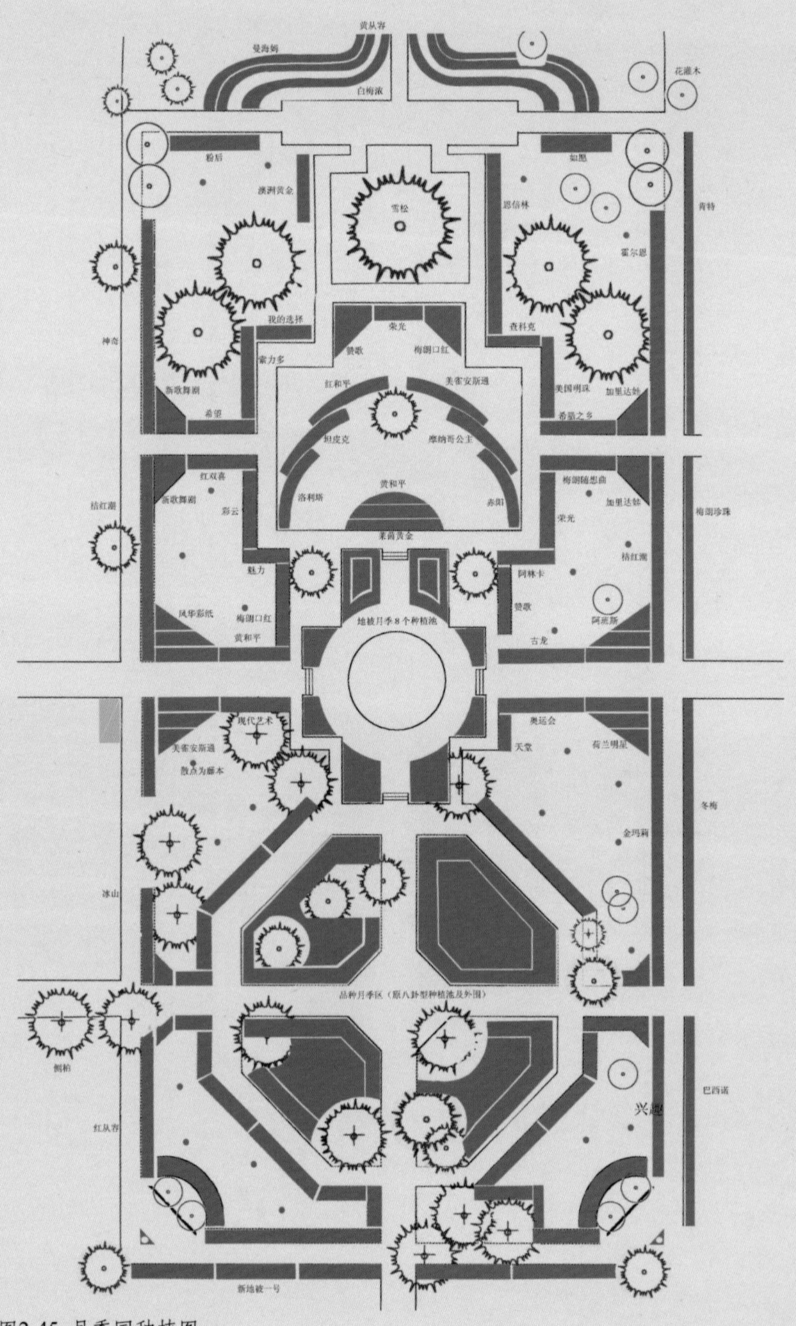
黄从容
曼海姆
白梅浓
花灌木
粉后
澳洲黄金
雪松
如愿
恩信林
青特
霍尔恩
神奇
我的选择
索力多
荣光
赞歌
梅朗口红
查科克
红和平
美雀安斯通
美国明珠
加里达处
新歌舞剧
希望
坦皮克
摩纳哥公主
希腊之乡
红双喜
新歌舞剧
彩云
桔红潮
黄和平
洛利塔
赤阳
梅朗随想曲
加里达处
荣光
梅朗珍珠
莱茵黄金
魅力
阿林卡
桔红潮
风华彩纸
梅朗口红
黄和平
赞歌
阿班斯
古龙
地被月季8个种植池
现代艺术
美雀安斯通
散点为藤本
奥运会
天堂
荷兰明星
冬梅
金玛莉
冰山
品种月季区（原八卦型种植池及外围）
侧柏
巴西诺
兴趣
红从容
新地被一号

图2-45 月季园种植图

月季夫人 —— 蒋恩钿[1]

1908年9月17日，蒋恩钿出生于江苏省太仓城厢镇新华西路一个书香门第家庭，祖上较富足，后家道中落，但其自幼受到良好教育，长大后考入清华大学西洋文学系。1937年，她与相知相爱8年、当时已成为银行家的清华经济系同学陈谦受结婚，后于1948年赴美考察学习，大大开阔了视野。1950年，蒋恩钿和丈夫怀着建设新中国的强烈愿望回到了祖国的怀抱。蒋恩钿研读的是西洋文学，然而命运却让她与月季结下了不解之缘。那是20世纪50年代，回到北京后的蒋恩钿，常去一位旅欧华侨、医学博士吴赉熙家中做客。他热爱月季，倾平生精力，到1948年为止，已引进国外200多个月季新品种。吴先生病逝后，蒋恩钿接受了吴先生的重托，把吴先生的400棵月季移栽到自己北京的家中并精心培育。1953年，因蒋恩钿的丈夫到天津工作，这400棵月季又由北京搬到了天津。此后，蒋恩钿在家中潜心钻研月季栽培技艺，通读了吴先生留下的书刊，并虚心向园艺家陈俊愉、汪菊渊教授请教。经过5年的努力，她已经成了月季花的种植高手，只要一看月季花的叶子就可得知开什么颜色的花。

1958年，时任北京市副市长的吴晗专程到天津看望陈谦受、蒋恩钿夫妇，当面邀请蒋恩钿帮助北京为迎接国庆10周年而进行的城市美化工作，并明确提出希望能在建设中的人民大会堂周围建一个月季园。在丈夫的支持下，蒋恩钿把自己园中的月季花全部捐给了人民大会堂月季园。在北京园林局李嘉乐、刘少宗工程师的共同努力下，从天津家中移植月季到人民大会堂非常成功。到国庆10周年前夕，移植仅几个月的数百种月季就一起准时绽放，而且完全按照蒋恩钿事先设计安排的颜色组成的图案开花，为新建的人民大会堂增添了缤纷的

①资料来源于百度百科。

色彩，吸引了众多市民和游客驻足观赏，受到了周恩来总理的称赞。

从1959年到1966年，蒋恩钿应北京市园林局之邀出任顾问。这7年期间，蒋恩钿将工作地点设在天坛公园，不拿天坛公园的工资，只拿往返京津的车旅补贴，即每月50元的车马费，这其实是义务工作。她的住处在天坛公园祈谷坛西坛院的斋宫内的小平房，条件十分简陋。蒋恩钿平时十分关心尊重人，大家都很尊敬地叫她蒋先生。蒋恩钿生活上俭朴，工作上却非常认真和投入，为了摸索月季花的扦插技术和过冬技术，又为了因地制宜节约成本，她从公园边的旧货店买来1000个广口玻璃瓶，倒扣在扦插枝上，完成了“如何生产大量的自根苗”和“月季花怎样过冬”的课题研究，解决了月季在北方不能越冬的技术难题，非常实用。1963年5月中旬，天坛公园迎来了当年第一个月季花季。当时三年困难时期刚刚结束，百姓从五彩缤纷的月季中又看到了未来美好生活的希望，因此成千上万的市民争相拥到天坛公园观看月季，一些重要领导人，如朱德、陈毅、张鼎丞、王稼祥、郭沫若等都来到天坛月季园观赏。一次朱德、陈毅一起来到月季园，蒋恩钿也在场，陈毅对朱德说，你是兰花司令(朱德喜欢养兰花)，然后指着蒋恩钿说，你是月季夫人。这就是“月季夫人”的来历。

这7年间，蒋恩钿阅读了大量的中外月季文献，写下了许多实验记录。她考证出：月季来自中国。1806年，即清嘉庆十一年，英国胡姆爵士在广州郊区花地将4种中国月季带到欧洲，从此使中国月季走向世界。这打破了过去认为月季玫瑰来自欧洲的传说，是蒋恩钿女士重要的学术研究贡献。蒋恩钿还对所有可以搜集到的品种作了分类，编写了月季品种目录。对于只有英文或法文名字的月季逐一翻译和编定中文名字。月季品种的鉴定对于弄清中国品种，指导今后的杂交，培育新品种十分重要。7年中，蒋恩钿共对500多种月季作了名字的鉴定。

同时，蒋恩钿和刘好勤、郑枕秋、徐志长等工程技术人员一起研究解决了批量提供月季成品苗的难题，打破了一些收藏家力图将珍稀名种据为己有的旧观念，一下子就把近代杂交茶香月季推向了全社会。她还经常与上海、常州、无锡、杭州、厦门的园艺师们研究技术，交流品种。到1966年前，天坛的1.3hm^{2}月季园已拥有百余品种7000余株月季。除了天坛公园外，蒋恩钿还和陶然亭公园的陆翠斋工程师合作，帮助建了陶然亭月季园。利用回天津的时间，她不但恢复了家里的月季园，还和天津园林局的马锜锜工程师一起，帮助建了天津睦南道月季园。短短七年间，她帮助京津地区先后建了4座月季园。

1964年，蒋恩钿和郑枕秋、陆翠斋等人代表北京市出席了在沪杭两市召开的“全国月季专业会议”，会议确定，天坛月季园为北方月季的中心，也因蒋恩钿的原因，月季品种的定名以天坛月季园发布的为准。从此，天坛月季走向全国。

百花齐放·节日花坛

节日花坛主要是指节庆期间，摆放于城市广场、公园或街头绿地中，营造节日气氛的花坛，它是城市景观的重要组成部分。其作为城市绿化的一种形式，与种植绿化一起构筑着城市的美好环境。

近年来随着城市的飞速发展，城市品位的日趋提升，许多城市在“五一”、“十一”、“春节”等节日都进行大规模花坛的布置，以增加节日的气氛。通过多年的探索和发展，节日花坛规模越来越大，艺术水平逐年提高，表现形式也在不断地丰富。节日花坛已经成为节日期间市民游玩赏花和欢度节日不可缺少的一道风景。

一　天坛节日花坛

天坛节日花坛发展始于20世纪50年代初，当时除月季、菊花外，天坛还养植有大量的一、二年生草根及宿根花卉，这些花卉主要被用于节日花坛的摆放。当时花坛花材种类还比较单一，除一、二年生草根及宿根花卉外，还曾使用茄子、油菜等作为花坛花材。1956年，天坛从南方引种五色草成功，从此增添了五色草作为花坛固定花材。

图3-1 1976年丹陛桥花坛

“文化大革命”开始后，天坛内大批花卉在运动中被毁，节日花坛也几近取消。至1972年以后，每逢“五一”、“十一”，北京市各大公园都要举办游

图3-2 1977年东门内花坛

园庆祝活动，节日花坛才又逐渐恢复并得到发展，1976年仅天坛就布置花坛30余处。

20世纪80年代，天坛确立了以“恢复古坛神韵”为核心的园林绿化方针，花卉不再作为工作重点被大量养植，在品种、数量上主要保证“两展一摆”（月季展、菊花展，节日摆花）任务的完成。80年代初期花坛花材“五一”采用“老三样”，即三色堇、小串红、金盏菊等草花及一些绣球、东洋菊等。“七一”至“十一”采用扶桑、月季、早菊、串红等。1984～1988年花坛基本采用的是固定花池栽植花卉的形式，花材常用五色草，即把五色草修剪成花纹再配植一些草花。

图3-3 1985年在复兴门组摆花坛

图3-4 1987年在复兴门组摆五色草“龙”图案模纹花坛

图3-5 1992年祈年殿西下坡五色草组字花坛，字样为欢乐友谊祥和

图3-6 1993年北门花坛。中心使用大槟榔，花坛由平面变得有所起伏

图3-7 1994年北门花坛“飞舞”，花坛起伏呈飞舞的裙状

图片手稿

图3-8 1996年祈年殿西下坡五色草“凤”图案模纹花坛

1989～1993年花坛主要采用单一花卉组摆的方式，如大丽花、鸡冠花花坛。花坛中心使用大槟榔，排排摆或转圈摆，还有标语口号式花坛，并开始尝试立体花坛的组摆。1994年以后花坛开始有了名称，花材开始使用新品种如矮牵牛、凤仙、银叶菊、一串红等，还使用了观赏果树。花坛由平面变为有所起伏，如1994年“十一”天坛北门外的“飞舞”。祈年殿西下坡逐渐成为组摆传统花坛的地点，并由组字花坛逐渐向传统的龙、凤、鹤等图案花坛转变。

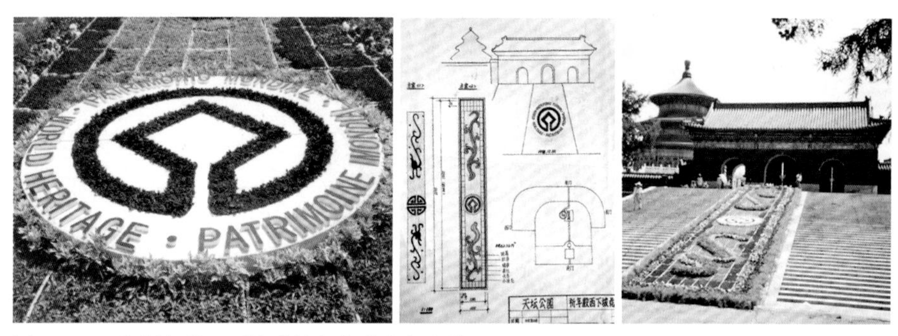

图3-9 1999年祈年殿西下坡世界文化遗产标志花坛

图3-10 1999年国庆50周年丹陛桥花坛“祝福”，使用了花柱

在“恢复历史原貌”的整体规划下，天坛停止了南北轴线、门区等景点棕榈、夹竹桃、石榴等的摆放，并逐渐拆除了固定花池，但公园的性质决定了节日花坛存在的必要性，节日花坛被作为节庆日固定形式保留了下来。

20世纪90年代中期，北京市园林局开展了花坛设计评审工作，推动了公园花坛设计发展的步伐。1996年天坛完成了“北京节日造型花坛发展的研究”课题，在节日花坛的研究上迈出了重要一步。1999～2003年天坛节日花坛有了统一主题，并开始尝试组摆立体器物，注重花坛与天坛文化和遗产环境相结合，花坛的主题更加突出文化内涵。五色草因为色彩单调凝重而逐渐被淘汰，由花

图3-11 花卉地栽

图3-12 运用天坛元素做成花钵

卉取代。开始使用花柱、花钵等形式。花坛中出现了喷水池，使用了喷灌、喷雾、滴灌、灯光等设施，并制作了可多次使用的铁架。

2003年天坛成立设计室，专门承担节日花坛的设计任务。2004年以后，“文化建园”成为天坛的建园宗旨，花卉布置适当进行一部分地栽，品种更加丰富，花色及形式等与天坛整体环境相协调。花坛则既要烘托节日气氛又要表现其特有的文化内涵。

近年来天坛一直在探索用花坛这一载体来体现多元文化，并使用了鲜花及雕塑，在花卉布置工作的科学性、艺术性、规模性及可持续性等方面都有了很大的发展。时至今日，天坛的节日花坛布置工作仍在继续探索完善中。

二　布置手法

（一）场地选择

根据天坛整体布局特点和花卉布置的主要目的，天坛花坛布置场地主要分为以下3种：

一是入口广场区。天坛共有东西南北4个大门，其中东门是主要的汽车出入口，同时还和地铁安全通道出入口相连，西门广场小，还有一部分作为了游览车的停车场地，因此重点布置场地多是在南北门，场地相对较大，又是贯穿主游览路线的2个大门。

二是重要景区。如皇乾殿后身广场、祈年殿西下坡、丹陛桥，其中祈年殿西下坡是进入祈年殿的主要出入口，是布置的重中之重。

三是游览路线沿线。不同的节日活动花卉布置路线也会有所不同，天坛多数是将公园南北中轴线周边作为花卉布置的主要区域，此线路贯穿了南北门和4大主要景区（祈年殿、丹陛桥、回音壁和圜丘）。

（二）布置形式

一般随花坛的地点变化，其布置形式也会有所不同。

东门、西门广场：以单面观赏立体花坛为主。这种花坛形式占地相对较小，可靠广场一侧摆放，对游人和车行影响较小。

南门广场：以中心式四面观赏立体花坛和两侧序列式立体花坛为主。南门广场是狭长形的，两侧序列式立体花坛与广场结合的整体效果非常好，且不干扰交通和景区景观，但是不利于游人取全景照相；中心式四面观赏立体花坛，体量大，景观效果壮观，但一定要注意花坛大小尺度的把握，宽度要控制在不影响车行和人行的范围内，高度不能遮挡住景区建筑。

图3-13 东门花坛

图3-14 西门花坛

图3-15 南门中心式四面观赏立体花坛

图3-16 北门两侧序列式立体花坛

图3-17 北门中心式四面观赏立体花坛

图3-18 北门两侧式立体花坛

图3-19 祈年殿西下坡模纹花坛

北门广场：以中心式四面观赏立体花坛和两侧式立体花坛为主。北门内广场为半圆形，两种形式花坛都比较适宜，优缺点同南门广场花坛。

祈年殿西下坡：以斜面模纹花坛为主，充分利用地势特点。

（三）花坛花材

主要根据以下4个方面进行花坛花材的选择：①花坛布置期的气候特点；②场地条件；③花坛类型；④花材的习性特点。

近年来天坛花坛摆放应用效果比较好的花材　　表3-1

中文名称	拉丁名	科名	高度(cm)	花期(月)	生态习性	主要用途	照片
早菊	*Dendranthema morifolium*	菊科	30～50	9～10	怕热，耐寒	在立体和平面都非常好的花卉，平面图案无论是具象图文还是自然曲线图案用早菊做花材效果都很好。颜色主要是红、黄、粉三种，其中黄色非常纯正，用得最多，效果也最好，经常用在红黄国旗色的搭配中	
矮牵牛	*Petunia hybrida F*	茄科	15～25	5～7 8～10	喜温暖、喜光，怕雨涝	花色多，颜色鲜艳，花期长，从五月到十月都可用。用于平面花坛、模纹花坛、花带、花境、花钵均可，且效果很不错，但不适于立体骨架。矮牵牛适宜摆自然曲线图案，具象图文一般，图文边缘不够清晰。另外受季节及年份影响，有时五一花小，绿色叶多，平铺时色彩显得杂乱	
四季海棠	*Bedding begonia*	秋海棠科	25～40	4～5 8～10	喜阳光，稍耐阴	四季海棠是天坛自养的传统花卉，一般用于摆放立体花坛	

续表

中文名称	拉丁名	科名	高度(cm)	花期(月)	生态习性	主要用途	照片
非洲凤仙	*Impatiens sultanii*	凤仙花科	25～40		喜温暖，不耐高温	非洲凤仙是立体花坛的优秀品种，另外在草坪内栽植成花带也是非常好的材料，经过近三年的栽培观察，凤仙在栽种后，生长茂盛，株丛能形成自然的弧度	
三色堇	*Viola tricolor*	堇菜科	15～30	4～7	较耐寒	春季花坛的主要用花，品种丰富，色彩繁多，较多使用亮丽的黄色	
一串红	*Salvia splendens*	唇形科	50～80	7～10	喜温暖湿润、阳光充足，忌寒冷、干热	传统花坛花卉，植株较高，还可同时栽植多株在一个大型容器内，做大型盆栽使用	
地肤	*Kochia scoparia*	藜科	30～50		阳性，耐干旱瘠薄，耐碱，不耐寒	植株形态自然，较好的圈边植物	

中文名称	拉丁名	科名	高度(cm)	花期(月)	生态习性	主要用途	照片
五色草	*Coleus blume*	苋科	15～20		喜阳光充足，略耐阴；喜温暖湿润，畏寒	多年生草本，易修剪，常用于立体花坛，以及平面花坛的圈边	
切花石竹	*Dianthus caryophyllus*	石竹科			喜阴凉干燥，阳光充足	石竹是常绿亚灌木，作多年生宿根花卉栽培。花色多，颜色艳丽，近年来常用于大型活动花卉布置。可用于摆放细致纹样，效果非常好，不过鉴于花期太短（只有一周），资金投入大，施工难度高，只适于特殊要求时使用	
美人蕉	*Canna indica*	美人蕉科	40～60	6～8	喜阳光充足，性喜温暖，不耐寒	矮生类型适于盆栽，可用于节日摆放花坛	

注：表中照片按顺序为由图3－20至图3－38。

图3-39 聚苯板

图3-40 仿真花材

图3-42 玻璃钢骨架

（四）辅助材料

1. 花坛道具

为了更好地突出设计主题，花坛中有时会适当应用一些硬质材料作为道具。近年用得最多的是聚苯板，多用于花卉造型的勾边，提升花坛造型轮廓的清晰度，或用聚苯板做出造型，上插仿真花材，达到弱化聚苯板与花卉衔接过硬、呆板的效果。

2. 骨架结构

天坛多数采用的是钢骨架结构，稳固耐用，但体量大，重量沉，制作难度大，运输难度高。2008年4月西下坡龙形图案用的是玻璃钢骨架，景观效果好。

图3-41 钢骨架结构

3．水体造景

近年来用过2种手法。一是半圆形水池，池内设柱状喷头；二是雾喷。效果都不错，给花坛增加了动感。

4．灯光照明

主要采用在花坛周边放置射灯的方式，但2005年“十一”南门花坛做了新的尝试，以灯笼造型为主景，将灯放置在花坛立体骨架里，灯与花融为一体，效果非常好。

5．说明牌示

运用天坛元素。

图3-43 花坛水体造景

图3-44 花坛灯光照明

图3-45 天坛的七星石和排箫

三　历年节日花坛精选

■ 1997年节日花坛

“庆祝香港回归 共创美好未来”花坛说明：花坛为半坡面花坛。花坛图案由香港特别行政区区徽、天坛、和平鸽、大路等元素构成。两只和平鸽造型，口衔香港特别行政区区徽，环绕在祈年殿前。和平鸽翅膀为回音壁造型，用银叶草栽植与泡沫板雕塑而成，寓意回归。

花材：五色草、粉和平月季等。

图3-46 1997年“庆祝香港回归 共创美好未来”

1998年节日花坛

“古坛新貌”花坛说明：采用矮牵牛花材在草坪中组成几何图案，围绕中心圆台。寓意古坛新貌。在长期使用早菊、串红等传统花材的年代，给人清爽、新颖的观感。

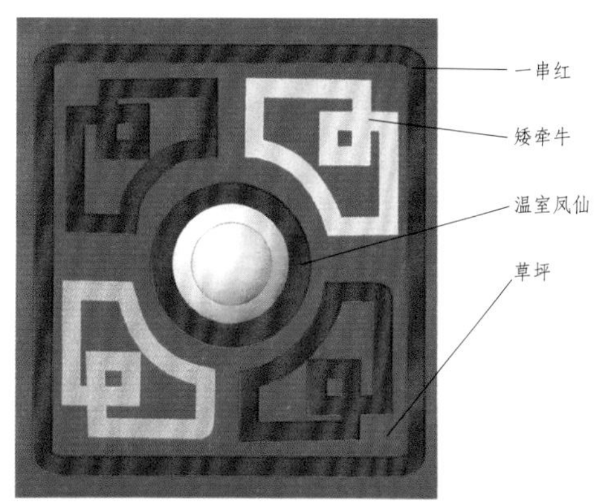

图3-47 1998年“古坛新貌”

■ 1999年节日花坛

“普天同庆”花坛说明：为配合国庆50周年天坛公园游园活动主题“普天同庆”制作花坛“普天同庆”。采用我国古代酒具“爵”制作成花坛造型，将雕塑“爵”放置基座之上。花坛平面用5个花球组成花团围绕中心连成一体。寓意万众一心，普天同庆。

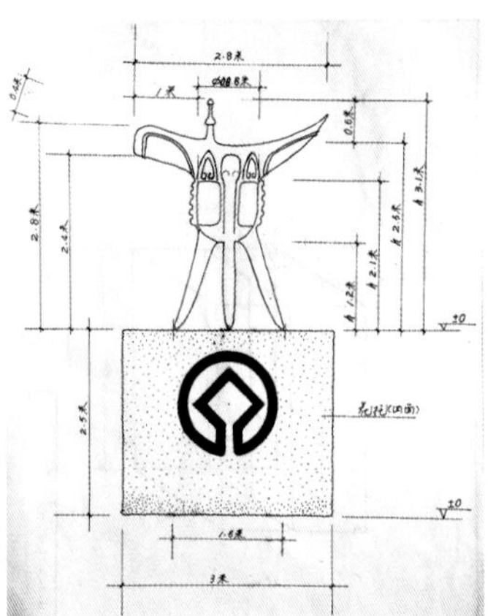

图3-48 1999年“普天同庆”

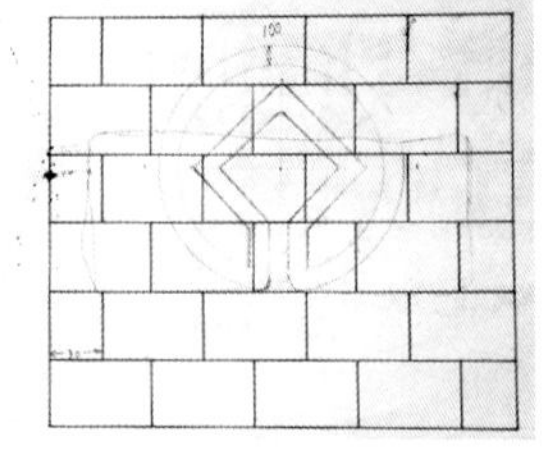

2002年节日花坛

“与时俱进”花坛说明：花坛中心用我国古代测时的仪器“日晷”作为花坛的主景，高4m，日晷直径3m。聚苯板制作，仿石质地。基座用菊花扎成。花坛平面正方形。由16个色块及声波图案组成。寓意与时俱进，喜迎十六大召开。

花材：矮牵牛、彩叶草、黄菊花、海棠、天冬草、雪叶菊、五色草、多子帝王等。

图3-49 2002年“与时俱进”

“花脸亮腔庆十一”花坛说明：“文化建园”是我们的建园宗旨。花坛既要烘托节日气氛又要表现其特有的文化内涵。近年来天坛一直在探索用花坛这一载体来体现多元文化。祈年殿西下坡是御道，已组摆过龙、凤、鹤图案花坛，组摆过标语组字花坛，组摆过世界文化遗产标志花坛，组摆过书法龙字花坛。花脸是京剧净角，此图案是一个虚构的人物。以京剧花脸为版本组摆成花坛图案，是这次在西下坡设置花坛的一种新的形式。

京剧是我国的国粹，为京城许多百姓所喜爱。天坛的长廊、双环亭有许多票友聚集在一起，吹拉弹唱、一板一眼字正腔圆地哼唱着，陶醉在其中，许多游人驻足围观喝彩，并拍进相片里。这种自发的、自娱自乐的休闲方式，已成为公园特有的一景。乐在其中，其乐融融。不仅如此，京剧艺术已传播到世界各地，京剧在国际上享有崇高的声誉。李瑞环指出：“京剧不但是中华民族文化的瑰宝，而且是人类文化宝库中的精品，最富民族性，同时也最具世界性，在我国对外文化交流中发挥着重要的作用。”天坛是中外游人必到的景点，此地位置正好是对外宣传的场所。

为表现这一文化内涵，采用抽象人物花脸图案组成花坛，与游人共赏。

“花脸亮腔花争艳，五彩缤纷国庆节”， 花脸亮腔，既指的是京剧唱腔，又指的是鲜花争奇斗艳。五彩缤纷，指的是花坛用的是五种颜色。

“花脸吐腔传佳音，花团锦簇迎国庆”。寓意我党召开了十六大，传来了佳音。与此同时，庆祝建国53周年。人民生活在一天天地发生着变化，房子大了，生活好了，出行方便了，城市更加美丽了。各行各业取得了可喜的成就，呈现出百花齐放，百花争艳的局面。因此我们以“争艳”为题，用花表现这一可喜的局面。这便是我们组摆公园花坛的总体出发点。

花材：一品红、紫彩叶草、绿五色草、菊花(白、粉)、天冬草。

图3-50 2002年“花脸亮腔庆十一”

■ 2004年节日花坛

"欢腾"花坛说明：花坛由绣球和龙壁两部分组成，体现欢乐祥和的节日气氛。"吉庆祥瑞迎华诞，神州大地尽欢腾。"

花材：早菊（粉、黄）、矮牵牛（五色）、五色草（绿）、彩叶草（金边）等。

图3-51 2004年"欢腾"（获北京市公园管理中心花坛评比二等奖）

图3-52 2004年"欣欣向荣，万众一心"（获北京市公园管理中心花坛评比二等奖）

“欣欣向荣，万众一心”花坛说明：花坛纹样采用向日葵和彩带图案。表达全国各族人民在中国共产党的领导下万众一心，与时俱进。寓意祖国各项事业欣欣向荣，蒸蒸日上。

花材：早菊（黄）、小串红、彩叶草、矮牵牛、五色草等。

“开放的东方”花坛说明：花坛背景采用镶有青龙图案的扇面造型，五柱状喷泉由牵牛花栽植的五个相互搭接的圆形平面图案衬托，寓意改革开放的中国正迎接五大洲的宾朋。

花材：早菊（黄）、矮牵牛（4色）、大串红、三角花、五色草（绿）等。

图3-53 2004年“开放的东方”（获北京市公园管理中心花坛评比一等奖）

■ 2005年节日花坛

“爱我中华”花坛说明：花坛由花带和音符组成。花带为“56”的彩带纹样，音符取自歌曲《爱我中华》中的韵律，意在表达56个民族共同庆祝祖国母亲的56岁生日。

花材：早菊（粉、黄）、矮牵牛（红、白、粉）、天冬草。

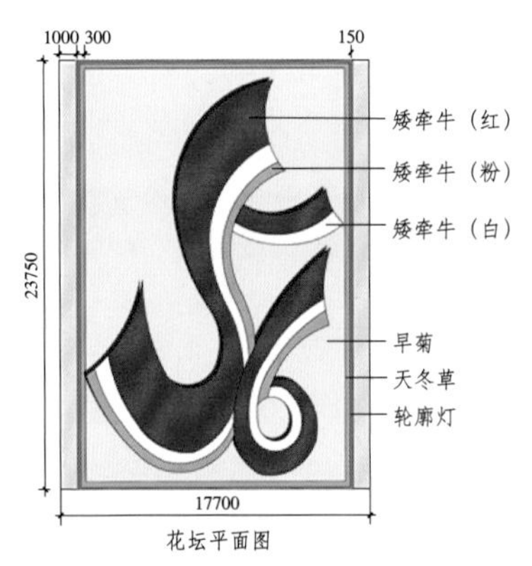

图3-54 2005年“爱我中华”

“明灯照九州”花坛说明：花坛采用了大红灯笼作为主景，其下由9个圆形花轮和一条花带组成，分别象征九州和母亲河，寓意我们伟大的祖国更加繁荣富强（说明：灯笼共6个，每个灯笼分为5大瓣5小瓣，寓意56周年的特定历史时刻）。

花材：五色草（绿、红）、鸡冠花（红、黄）、天冬草、白早菊、火鹤（红、粉）、粉杜鹃、变叶木、一品红、佛手、雪叶菊。

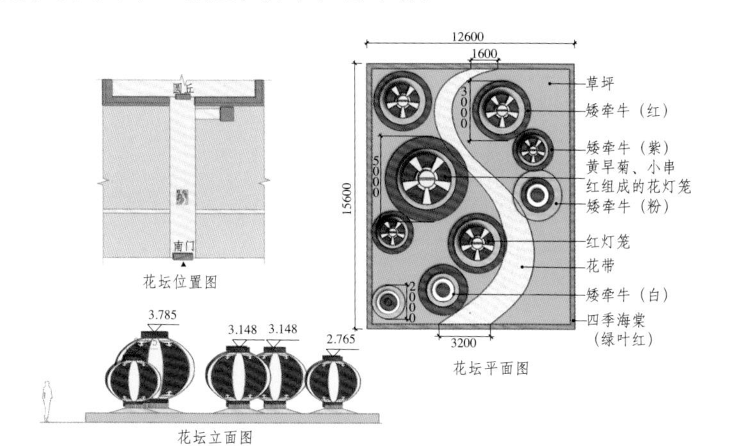

图3-55 2005年“明灯照九州”（获北京市公园管理中心花坛评比一等奖）

■ 2006年节日花坛

“五福临门”花坛说明：花坛主景为黄早菊镶嵌的扇面，正面是5个福娃图案，中心是立体福娃欢欢，福娃全部采用绢花插成，扇面背面是奥运项目图标。设计立意是体现奥运来临之际，全国人民欢欣鼓舞的喜悦气氛。

花材：矮牵牛（红、紫、白、粉）、早菊（黄、白）、鸡冠花（红）、一串红、五色草（绿）。

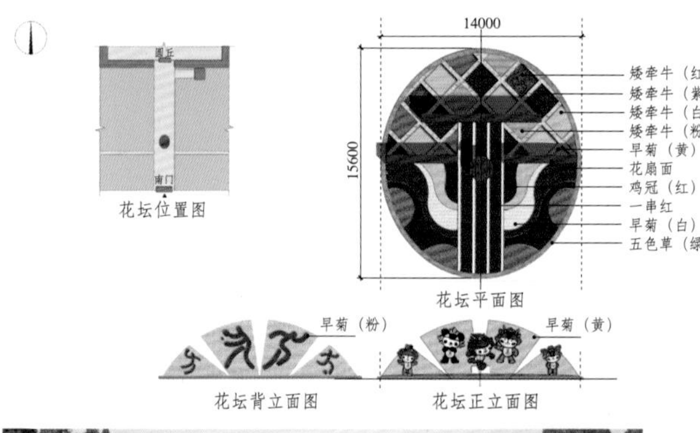

设计说明

花坛平面为椭圆形，长轴南北向分布，中心主景为花扇面，扇面正面是五个福娃图案，背面是奥运项目图标前方是立体福娃欢欢的造型。北侧图案是用黄早菊分隔的五颜六色的色块，用不同花色的矮牵牛组成，南侧图案是不同品种色彩的花波浪，设计立意是体现奥运来临之际全国人民欢欣鼓舞的喜悦气氛。

图3-56 2006年“五福临门”

2007年节日花坛

“更高、更快、更强”花坛说明：花坛主景模拟一个自行车运动员沿着坡形跑道向上行进的动感造型，自行车车轮采用假质风轮状，五色花轮可随风旋转。表达“更高、更快、更强”的奥运精神。

花材：孔雀草（黄）、四季海棠（白、红）、矮牵牛（白、红、粉）、夏堇（粉）。

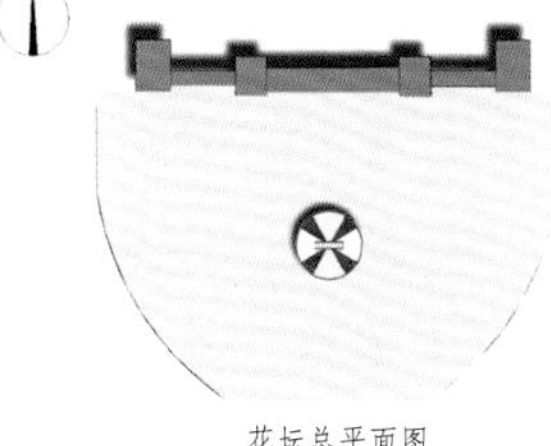

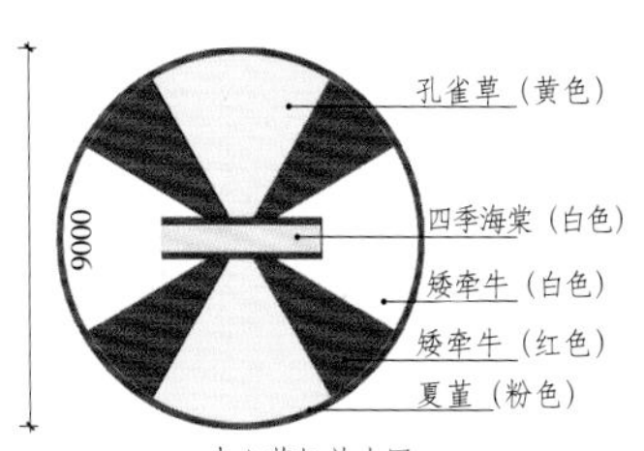

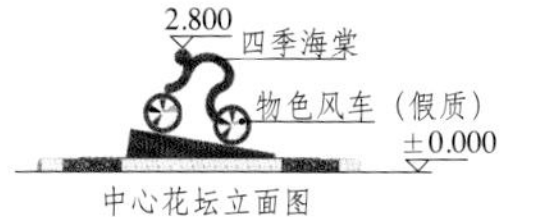

设计说明
花坛主景模拟一个自行车运动员沿着坡形跑道向上行进的造型，自行车车轮采用假质风车状，五彩花轮可以随风旋转。
花坛表达“更高、更快、更强”的奥运主题。

图3-57 2007年“更高、更快、更强”

“相约2008”花坛说明：花坛平面采用中国传统折扇造型，立面为一四季海棠插成的四方体，上面嵌有中空的奥运五环，其下有喷泉，增强了花坛的动感。整体造型将中国传统元素与奥运相融合，表达了人们迎接奥运的喜悦心情。

花材：黄早菊、紫彩叶、硫华菊、羽状鸡冠、百日草、矮牵牛、夏堇、四季海棠、天冬草。

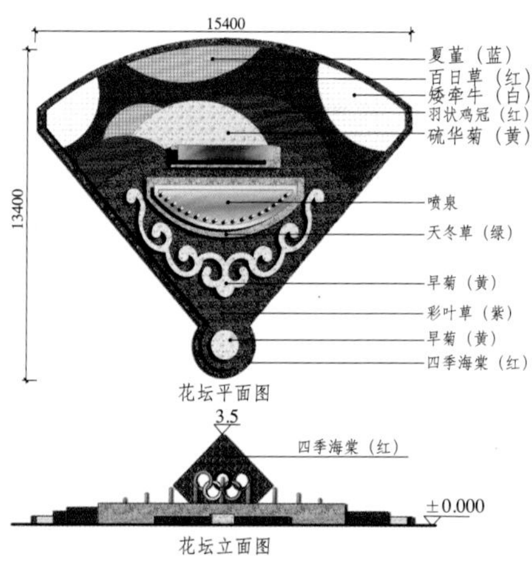

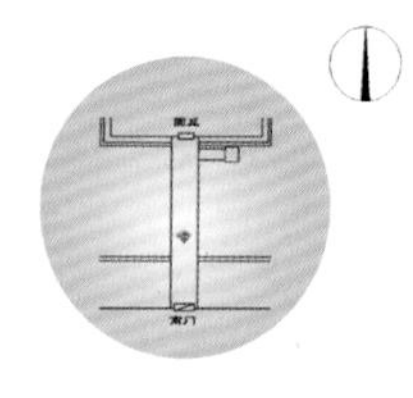

花坛位置图

设计说明
花坛平面采用中国传统折扇造型，中心主景为装有奥运五环的立体花墙，五环为镂空，其下有喷泉，增强了花坛的动感，整体造型将中国传统元素与奥运相融合，表达了人们迎接奥运的喜悦心情！

图3-58 2007年“相约2008”

“柏香月圆庆佳节”花坛说明：天坛是北京市区内古柏数量最多的公园，郁郁葱葱的古柏群与瑰丽的古建筑交相辉映，浑然一体，此处花坛正是描绘了一幅一轮圆月爬上古柏枝头的画面，借此祝愿全国人民阖家欢乐，祝愿我们伟大的祖国繁荣富强。

花材：早菊（白）、矮牵牛（红、粉）、五色草（绿）、一串红（黄）。

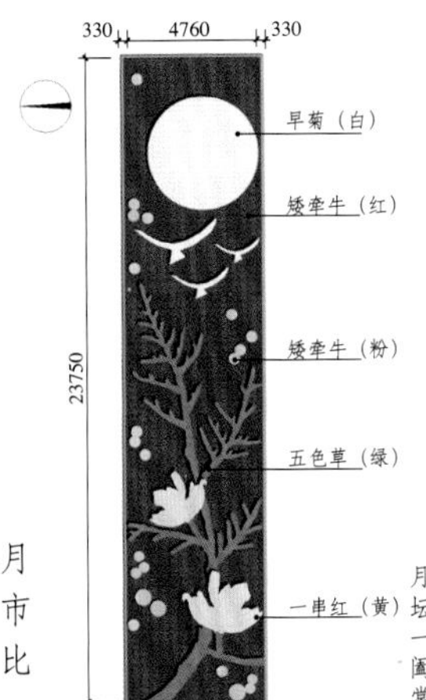

花坛平面图

花坛效果图

设计说明

2007年的中秋节与国庆节相距只有四天，九月底十月初正是举国欢庆、合家团聚的喜庆佳节，在此期间天坛公园还有古柏文化展示活动，本方案意在描绘出一幅一轮圆月爬上古柏枝头的景象，借以表达对于全国人民阖家团圆的祝福，祝愿我们伟大的祖国象古柏一样四季常青，繁荣富强。

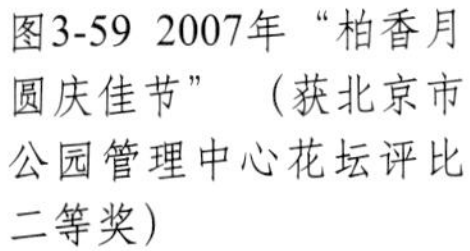
图3-59 2007年“柏香月圆庆佳节”（获北京市公园管理中心花坛评比二等奖）

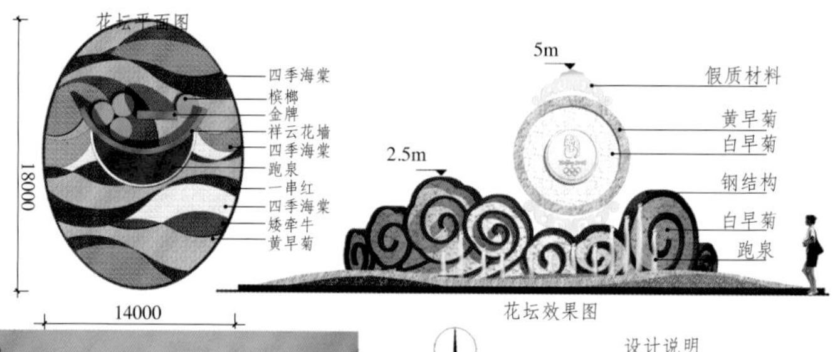

花坛效果图

花坛位置图

设计说明

2007年是迎奥运的决战之年，在国庆节这个喜庆的日子里，本花坛采用奥运金牌“金镶玉”作为立体花坛主景，采用奥运火炬中的祥云元素作为立体花坛前景，突出中国传统文化特色和迎奥运的时代背景，花坛平面采用波浪纹的图案，点缀动感的跑泉，营造喜庆欢快的节日气氛。

图3-60 2007年“金玉祥云迎盛会”

“金玉祥云迎盛会”花坛说明：2007年是迎奥运的决战之年，在国庆节这个喜庆的日子里，借此花坛来表达对2008年奥运的美好祝愿，希望奥运健儿在2008年追逐和实现自己的梦想！花坛主景为奥运金牌“金镶玉”，前景为奥运火炬图案“祥云”，彰显奥运的中国传统文化特色。

花材：早菊（白、黄）、四季海棠、槟榔、一串红、矮牵牛。

图3-61 2008年“舞动北京”

■ 2008年节日花坛

“舞动北京”花坛说明：2003年8月3日北京奥运会会徽在祈年殿向世人发布。2008年奥运会将是北京的奥运、文明的奥运，并载入史册。花坛主景选取传统花窗作为原型，形似邮票，象征舞动的北京，文明的奥运传五洲。用168000个黄豆粘贴制作完成的中国印和福娃贝贝、晶晶，寓意农业文明的悠久历史和人们的美好祝愿。

花材：切花石竹、金盏、耧斗菜、美人巴西木、槟榔、微型月季和黄豆等。

图3-62 2008年“龙腾盛会”

“龙腾盛会”花坛说明：龙是华夏祖先的图腾，吉祥喜庆的信物。欢腾的巨龙喜迎奥运盛会，它腾飞于天空五彩祥云之上。本花坛的主景龙是用花卉结合雕塑组摆而成，色彩设计上红色表示吉庆祥和，黄色表示东方巨龙，白色表示圣洁和平。它不仅表现了中国人实现百年奥运梦想的喜悦心情，同时也象征了古老的东方在这一刻汇聚了奥林匹亚神圣的力量（和平、友谊、进步）。

花材：切花石竹、菊花、小串红。

“鼓声阵阵齐加油”花坛说明：鼓是中华民族逢体育竞赛时加油助威的器具，也是天坛传统雅乐必不可少的乐器。

本花坛主景即为6个中国传统鼓，鼓面上是奥运运动项目图标的造型，花坛寓意全国人民在此刻共同为奥运盛会加油助威，共同为运动健儿取得的成绩欢欣鼓舞。

花材：四季海棠（红）、银边铁、硫华菊。

图3-63 2008年“鼓声阵阵齐加油”

■ 2009年节日花坛

“江山如画”花坛说明：北门花坛采用色彩亮丽的各种植物组成自然式立体花坛，两侧各有一尊盘龙花柱在云海间与龙珠嬉戏，意喻伟大祖国江山如画。

花材：早菊（红、黄）、红矮牵牛、白四季海棠、绿五色草、叶子花、变叶木、蕉藕、橡皮树、槟榔、榕树、散尾葵、棕竹、巴西美人、非洲茉莉、君子兰、马尾铁、悬崖菊（黄、红）、红色石竹鲜切花。

图3-64 2009年“江山如画”（获北京市公园管理中心花坛评比三等奖）

“鼎盛”花坛说明：花坛主景为两个黄早菊插成的龙形花拱，与景区环境形成框景，平面用田字和流线图案象征祖国山川与河流，寓意我们伟大祖国正在变得更加繁荣富强。

花材：红叶红花四季海棠、早菊(黄、粉)、矮牵牛(粉、紫)、白四季海棠、一品红、茉莉、品种菊、变叶木、豆瓣绿。

图3-65 2009年“鼎盛”（获北京市公园管理中心花坛评比二等奖）

“张灯结彩”花坛说明：花坛以6个中国传统的红灯笼造型组成，寓意张灯结彩喜迎祖国母亲60华诞。

花材：悬崖菊（黄、红）、串红、早菊（黄）、矮牵牛（粉、紫、白）。

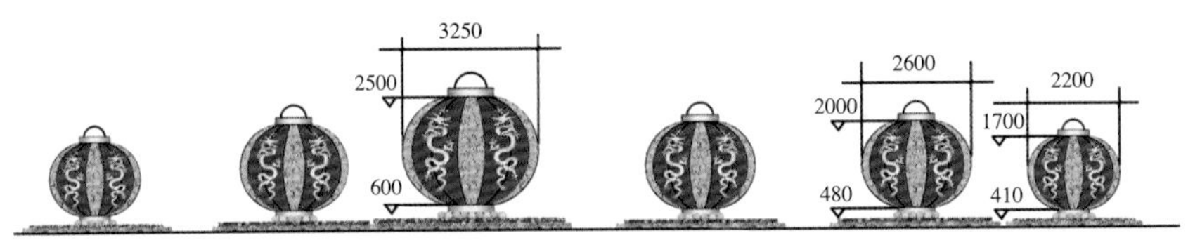

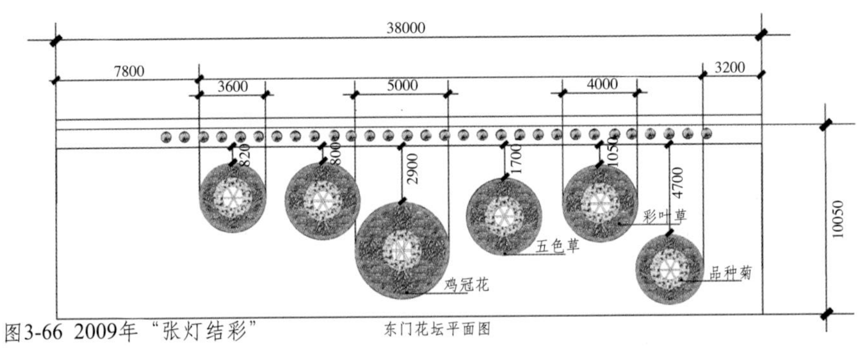

图3-66 2009年“张灯结彩”

2010年节日花坛

“京花映古坛”花坛说明：花坛中部为祈年殿标志，用天坛特色花卉月季、菊花的造型，与其遥相呼应，整体色彩鲜艳，突出节日的喜庆氛围。

花材：早菊(黄、粉)、红四季海棠、五色草(绿、红)。

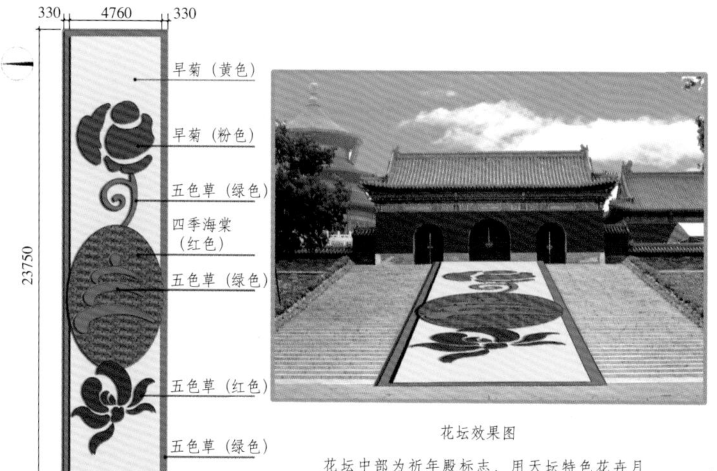

图3-67 2010年“京花映古坛”

和谐法则在天坛花坛中的应用

中国的传统文化中是以和谐为美、讲究中庸之道的。天坛，作为古代皇帝祭祀皇天上帝和祈祷五谷丰登的场所，其建筑与环境之间无处不体现着“和谐”，其宏伟的建筑与成片的古树交相辉映，体现了先人的智慧，同时也昭示了先人对天的崇拜，祈求着人与自然的和谐共生。

花坛，作为公园在重大活动及节日中的装饰，是天坛必不可少的组成部分，它的存在必须要以天坛整体环境为前提，而不能孤立于天坛环境之外而存在。经过多年的实践，天坛花坛组摆已经形成了独具特色的一套风格，其以“和谐”为设计法则，在遵循建筑、生态环境、人文环境等多样性统一的基础上，充分调动多种元素对其立意，极大地发挥了艺术花坛在公园中的积极作用。

一　花坛形式上的和谐之美

（一）富有时代性

天坛花坛的主题过去大多是紧跟时政形式的。像1989年动乱后的“社会主义好”、1994年国庆45周年的“改革、发展、稳定”等。花坛摆放时间大多是在“十一”国庆节期间，因此也曾组摆过像“国庆”、“十一”等组字花坛。天坛花坛发展到今天，其主题题材比过去更加丰富，有反映当前社会、生活内容的，也有从大的热点、焦点问题中选取的，更加的富有时代气息。

图3-68 1994年“改革、发展、稳定”组字花坛

图3-69 1999年“国庆”组字花坛

图3-70 2003年庆奥运申办成功花坛

图3-71 2006年“和谐一家亲”

图3-72 2003年“笑脸”

（二）重视体量比例

2003年花坛以抗击“非典”为主题，从网络笑脸图案中得到设计灵感，并对其进行扩充与完善，创作出笑脸花坛。此花坛反映了在党中央的正确领导下全国人民战胜“非典”、人人喜笑颜开的场面。“笑从八方来，笑迎天下客”，喜悦心情不禁由衷而生。笑脸花坛以传统扇面为主体，扇面前方设计水池喷泉，考虑到大门和祈年殿环境的需要，将扇面做开裂处理。体量设计为4m，从扇面中间可以看到祈年殿景观。4个笑脸图案，相邻各有一个角度，追求动感效果。

（三）赋予动感韵律

东门广场正对北京体育馆路，是体育馆路的西终点。2002年设计花坛时正值世界杯足球赛刚刚结束，从环境、形式出发选择了网球造型作为花坛主景。平面造型则选择蓝色矮牵牛、黄早菊、红彩叶草、绿地肤、红色串红5种颜色作为花材，象征五环颜色。同时做了一个起伏地形，使花坛显得动感十足。

图3-73 2002年“体坛争艳”

图3-74 2002年“欢聚”（用2个半圆形花墙围绕中心进行旋转，使其产生动感）

（四）花色选择适宜

1. 根据大环境选择花色

红配黄喜洋洋，凡中国人，都特待见这“红”。人们习惯于用红色、黄色，这是中国人的习惯，同时也是烘托节日气氛的需要。天坛近几年的花坛也都是以大红大黄为主，但是我们在应用传统颜色的同时，也充分考虑到了天坛的基调颜色。天坛的基调颜色是蓝色和绿色，所以从环境出发，如不是节日的特别需要，我们选择的装饰花卉色彩都倾向于稍微平和一些的，力求做到不喧宾夺主。1998年南门“古坛新貌”花坛选用了色调平和的矮牵牛

图3-75 1998年“古坛新貌”

做花材，以草坪做基色，没用大红大黄的颜色，为了提亮花坛整体效果，在中间加了一圈白色的早菊，与背景圜丘坛相衬显得十分鲜亮，给人一种清新的感觉。

图3-76 2004年“欣欣向荣 万众一心”

2. 巧用白色

适当地运用白色，可以起到加深它相邻色彩的作用。白色可衬托其他颜色，能起到调和两种不同色彩的作用，此外还可以勾画出鲜明的轮廓线。

图3-77 2004年东门四季海棠花坛

3. 色彩主次要分明

花坛要有花坛的主色调，其他色彩则应起到勾画图案、线条的作用，如2004年祈年殿西下坡葵花造型花坛。西下坡花坛之所以选用银叶菊，就是考虑到色彩主次的问题。银叶菊在这个花坛来讲比较亮，葵花心又是大家的眼睛所注意到的焦点，是色彩的中心，所以这个地方颜色就必须要亮，视觉上才能突显出来。

4. 同一色调或近似色调的应用

同一色调或近似色调的应用会给人以柔和、愉快的感觉。2004年的四季海棠花坛，也可以说是近似色调，弱化了东门死板大灰墙的环境。

5. 对比色的运用

对比色如蓝与橙、黄与紫用在一起会给人以活泼华丽的感觉，用来勾画花坛的轮廓线能起到很好的效果。但对比色的花坛，两种花卉的数量宜相当。

图3-78 2002年“马踏飞燕”

图3-79 2004年“欢腾”（龙的图案造型，与墙不协调；墙的弧度与图案不协调）

（五）花色与图案

花坛色调忌杂乱，使用花卉植物种类5 种左右为宜，过多则凌乱，过少则组不成图案。

早些年我们的花坛常用红、黄、白3样，叫色块，之后图案花坛才逐渐兴起。在花坛中，图案与色块的关系要处理好，图案有时弄得不好，还不如直接选用色块做花坛。我们在天坛北门曾经尝试组摆过一个“马踏飞燕”花坛。马踏飞燕是 1969 年在甘肃武威擂台汉墓出土的一件文物，当时正值马年，又是旅游年，旅游局把它定为标志，所以我们选用了这个造型作为花坛主景，但出来的效果却不甚理想。从中我们总结出经验，那就是图案花坛要有一个观赏的角度，不然的话，图案再好，游人欣赏不到也是枉然。

此外，图案花坛中图案在花坛中的占位也要得当。图案是死的东西，拿来应用就必须进行修改，不能完全照搬，要符合花坛的实际情况。就像剪纸有剪纸的图案，瓷器有瓷器的图案，都各有各的风格。花坛图案有自己的规律，要通过实践摸索掌握它。图案应用在立体花坛中效果会更好，而如果应用在平面花坛中则在观赏角度上存在一定的困难，效果也不会太理想，马踏飞燕就是一个例子。

二　合理配置花卉，充分表现花卉之美

常用花卉及其应用形式举例　　表3-2

花卉名称	线条	镶边	色块	组字	备注
矮牵牛	√		√		“五一”花卉
天竺葵	√		√		“五一”花卉
万寿菊			√		夏季花卉
孔雀草			√		夏季花卉
早菊	√		√	√	“十一”花卉，适于立体造型
串红	√		√		“十一”花卉，适于立体造型
一品红			√		“十一”花卉，适于观赏
杜鹃			√		“十一”花卉，适于观赏
鸡冠花	√		√	√	“十一”花卉
彩叶草	√	√	√	√	“十一”花卉
四季海棠	√		√	√	“十一”花卉，适于立体造型
天冬草		√			“十一”花卉
雪叶菊	√	√	√	√	“十一”花卉
地肤	√	√			“十一”花卉
花园新娘		√			“十一”花卉
月季					“十一”花卉，适于观赏

图3-80 2002年丹陛桥月季花坛

图3-81 2005年月季花带

选择花期一致的花卉，利于同花期观赏，讲求时效性。叶、花等各方面观赏性俱佳品种要单独摆放，观果品种要适当摆放，有刺品种要远离游人等，忌使用其他假质花材。

月季适合单独观赏。用它来组摆花坛，要取得整体效果就要用统一品种统一颜色的月季。从1992年开始我们逐年做月季品种筛选，使之用于花坛的摆放，既能单独观赏又能整体观赏。

三　在与建筑的融合上体现和谐之美

花坛的设计要相应的与背景建筑的风格相融合，不能突兀，这样才能更好地展现建筑之美、花坛之美。

图3-82 1995年祈年殿西下坡龙纹花坛（祈年殿西砖门坡道在古代是御道，借鉴祈年殿龙、凤、云的元素做了一系列的花坛，力求与建筑能融为一体）

图3-83 2004年丹陛桥龙柱花坛（丹陛桥宽敞空旷，适合设计连续性的花柱。花柱的形式选择了三节式的形式，“☰”在周易中表示乾卦，代表天，正与天坛情景相吻合。花柱中间喷绘了龙的图案）

四 文化内涵上的和谐之美

（一）传统文化与花坛的融合

现今，很多公园都在倡导“文化建园”，文化内涵是一个公园的灵魂。花坛作为公园的点缀，必然要在烘托节日气氛的同时又能表现其特有的文化内涵。近些年天坛一直在做这方面的探索与应用。

祈年殿西下坡古时是一御道，尝试过多种形式，有龙凤鹤图案花坛、标语组字花坛、世界文化遗产标志图案花坛、书法“龙”字花坛等。2002年曾以京剧花脸为图案组摆此花坛，收到非常好的效果。

京剧脸谱在天坛花坛组摆中是一种新的尝试。

图3-84 2002年“花脸亮腔庆十一”

图3-85 2001年祈年殿西下坡龙字花坛（应用书法字体做花坛。采用宋徽宗的草书“龙”字做蓝本，设计思路是受龙、凤、云图案所启发而来。宋徽宗的“龙”字笔画简单，既有龙的形态，又体现中国文字的风采）

（二）器物文化的融合

图3-86 仿青铜花钵（为了使花钵能与天坛环境相协调，设计了仿青铜器造型花钵。因此花钵在色泽、体量上比较显眼，为了主次分明，在此花钵内栽植较名贵花卉。花钵的使用要把握它是花卉装饰的附属物，而不是花卉观赏主体的原则）

图3-87 2005年“明灯照九州”（红灯笼是中国人民在节庆日常用的装饰物。此花坛采用了6个大红灯笼作花坛主景，下部平面的底纹为9个同心圆，象征九州）

图3-88 2003年“与时俱进”（为表现“与时俱进”之意，选择了日晷①造型。下部以16个方形花材色块为底，寓意“党的十六大”。为了展示花卉之美，底部色块体量做得较大）

图3-89 1999年“普天同庆”（为庆祝国庆50周年游园活动，以“普天同庆”为主题，创作了以“爵”为主体造型的花坛。爵是古时酒具，应用于此，符合主题意境。花坛以大体量花卉色块为底）

---

①日晷为观测日影、测定视太阳的天文仪器。由晷针和晷面两部分构成，按晷面放置的方向，可分为赤道、地平、竖立、斜立等形式。

师法自然·花草景观

师法自然，是中国园林最显著的特点。人类最初神化的天崇拜活动都是在林中扫地而行的，后来，郊坛都树以松柏就是源于“林中扫地祭天”环境的模拟。天坛内外坛遍植常绿柏树，既完美地表现了自然，同时也十分符合祭天严肃庄重的气氛。郊坛，人迹罕至，其性质决定了天坛林下覆盖有大量的野生地被植物，野花盛开，一派郊野风光，使自然的韵味愈发浓重。多年来，天坛管理者秉承“师法自然”原则，努力保护其原生态环境，同时，还在外坛建立百花园，遍植牡丹、芍药等天坛历史花卉，既满足了公园的功能需求，又再现了昔日天坛神乐观一带百花盛开的景观，成为旅游者观光和广大市民休闲锻炼的好去处。

一 野生花卉景观

野生花卉是指现在仍在原产地处于天然自生状态的观赏植物。野生花卉具有极高的观赏价值，其花色丰富，花型别致，花期不一，交替开放，可观叶、观花或观果。野生花卉因长期生长在自然状态下，所以具有极强的抗逆性和适应性，生态效益明显且栽培管理相对粗放。加强野生花卉在园林中的应用不仅能提高园林绿地覆盖率，丰富植物种类展示应用，还可以通过野生花卉所特有的优势和特点，淡化人工环境，突出体现园林景观的乡土气息和地域特色，实现城市园林绿化建设的节约性和可持续发展。同时，也给园林增加生动活泼的情趣，迎合人们返璞归真、回归自然的向往与追求。

（一）丰富的野生花卉资源

历史上天坛的林下草地，均为自然生长的野生草种。明清时期，天坛周围有金鱼池等池泽，地下水位较高，所以有很多的湿生植物，其中最著名的就是益母草。益母草夏季开花，具极高药用价值。天坛神乐观的道士采集坛内益母

草，制成妇科良药益母膏出售，药效显著，被誉为天坛一宝。后由于地下水位的不断下降，野生草中湿生植物数量剧减，原来遍地的芦苇、罗布麻、酸模叶蓼、皱叶酸模、鹅肠菜、沼生焊菜等渐次减少，益母草也几乎绝迹。

1918年天坛辟为公园对公众开放后，天坛还是野草覆盖地面。为保护天坛郊祭的氛围，多年来，天坛坛域内一直保留着大面积的野生地被植物，呈现了独特的郊坛风光。20世纪80年代后，随着社会的进步和发展，为了进一步符合现代人对公园的审美要求，解决"黄土露天"问题，天坛对坛域内的野生地被采取了园林化的管理方式，每年定期用打草机进行3～4次修剪。经过长期反复修剪，分枝点高的蒿子、灰菜、茵陈以及葎草等缠绕草种的结实量减少，且在种群中的密度明显变小，低矮草本和单子叶植物逐渐成为草地构成中的优势种，使得地被的生长高度得到控制，景观面貌大为改观。

1998年，天坛被列入世界文化遗产名录，依照世界文化遗产"要保护其原有状态，永续利用"的理念，天坛野生地被的保护与管理工作也步入了新的发展阶段。依照"干道草坪化、边缘地带野生化"的绿化方针，大面积的野生地被得以繁衍生息。2003年对全园的野生地被进行了调查，共有33科78属120种，其中有大量优质的观花野生地被种质资源：二月兰 *Orychophragmus violaceus* (L.)、斑种草 *Bothriopermum chinense* Bge、夏至草 *Lagopsis supina* (Steph)、苦菜 *Ixeris chinensis* (Thurb.) Nakai in Bot、抱茎苦荬菜 *Ixeris sonchifolia* Hance、 多茎委陵菜 *Potentilla multicaulis* Bunge、野豌豆 *Vicia bungei* Ohwi、田葛缕子 *Carum buriaticum* Turcz、蛇莓 *Duchesnea indica* （Andr.）、早开堇菜*Viola prionantha* Bge、紫花地丁*Viola yedoensis* Makino in Bot.、地黄 *Rehmannia glutinosa*(Gaert.)Libosch.、青杞 *Solanum septemlobum* Bge.、旋覆花 *Inula japonica* Thunb等，详细列举部分如下。

图4-1 二月兰

■ 二月兰 *Orychophragmus violaceus* (L.)

十字花科诸葛菜属。二年生植物，株高20～70cm，一般多为30～50cm。茎直立，基生叶和下部茎生叶羽状深裂，叶基心形，叶缘有钝齿；上部茎生叶长圆形或窄卵形，叶基抱茎呈耳状，叶缘有不整齐的锯齿状结构。总状花序顶生，着生5～20朵，花多为蓝紫色或淡粉色。花期4～5月份，果期5～6月份。花瓣4枚，长卵形，具长爪。果实为长角果圆柱形，长6～9cm，角果的顶端有细长的喙，果实具有四条棱，内有大量细小的黑褐色种子，种子卵形至长圆形。果实成熟后会自然开裂，弹出种子。二月兰适生性强，对土壤要求不高，具有较强的自繁能力，一次播种能年年自成群落。每年5～6月种子成熟后，自行落入土中，7～8月长出幼苗，叶色碧绿，惹人喜爱，直到冬季经霜枯萎。第二年早春3月二月兰返青后进入快速生长阶段，4～6月为花期，紫色小花陆续开放，尤其是大面积栽植时，远望去一片蓝紫色的花海，很是壮观。

图4-2 抱茎苦荬菜

图4-3 蒲公英

■ **抱茎苦荬菜** *Ixeridium sonchifolia* Hance.

菊科苦荬菜属。多年生草本，株高约30～80cm，无毛。茎直立，上部有分枝。基生叶多数，顶端锐尖或圆钝，基部下延成柄，边缘具锯齿或不整齐的羽状深裂，茎生叶较小，卵状矩圆形或卵状披针形，先端锐尖，基部常成耳形或戟状抱茎，全缘或羽状分裂，头状花序密集成伞房状，有细梗；总苞长5～6mm，圆筒状，总苞片有2层，外层通常5片，卵形，极小；内层8片，披针形。头状花序只含舌状花，黄色，长7～8mm，先端截形，具5齿。瘦果纺锤形，黑色，有细纵肋及粒状小刺。冠毛白色。花果期4～7月。

■ **蒲公英** *Taraxacum mongolicum* Hand.

菊科蒲公英属。多年生草本植物，高10～25cm，含白色乳汁。根深长，单一或分枝，外皮黄棕色。叶狭倒披针形，大头羽裂，排成莲座状。花茎比叶短或等长，结果时伸长，上部密被白色蛛丝状毛。头状花序单一，顶生，舌状花鲜黄色。瘦果倒披针形，土黄色或黄棕色，有纵棱及横瘤，顶生白色冠毛。花期早春及晚秋。生于路旁、田野、山坡。

图4-4 紫花地丁

图4-5 三齿萼野豌豆

■ 紫花地丁 *Viola yedoensis* Makino.

堇菜科堇菜属。多年生草本，无地上茎，根茎较粗。叶基生，叶片舌形、长圆形或长圆状披针形，先端钝，叶基截形或锲形，叶缘具圆齿。叶柄具狭翅。花有卡柄，萼片5片，卵状披针形，花瓣5瓣，紫堇色或紫色，侧瓣无须毛或稍有须毛，下瓣连距长14～18cm，距细直或稍上弯。花果期4～8月，秋后茎叶仍青绿如初，花旁伴有针状小果，直至冬初，地上部分才枯萎，因此是极好的地被植物，也可栽于庭园，装饰花境或镶嵌草坪。性强健，喜半阴的环境和湿润的土壤，能自播繁衍。

■ 三齿萼野豌豆 *Vicia bungei* Ohwi.

豆科野豌豆属。一年生或二年生草本，茎细弱，具棱。偶数羽状复叶，叶轴顶端卷须发达，分枝或不分枝；托叶半箭头形；小叶4～10对，长圆形或长披针形。总状花序，腋生；花冠红色或近紫色，花萼钟状，萼齿披针形，旗瓣倒卵状披针形，翼瓣短于旗瓣，龙骨瓣内弯，最短。荚果长圆状，成熟时亮黑色，种子3～8个，球形。 花期5～6月，果期6～9月。

■ 委陵菜 *Potentilla multicaulis* Bge.

图4-6 委陵菜

蔷薇科委陵菜属。多年生草本，高30～60cm。主根发达，圆柱形。茎直立或斜生，密生白色柔毛。羽状复叶互生，基生叶有15～31小叶，茎生叶有3～13小叶；小叶片长圆形至长圆状倒披针形，长1～6cm，宽6～15mm，边级缺刻状，羽状深裂，裂片三角形，常反卷，上面被短柔毛，下面密生白色绒毛；托叶和叶柄基部合生。聚伞花序顶生；副萼及萼片各5片，宿存，均密生绢毛；花瓣5瓣，黄色，倒卵状圆形；雄蕊多数；雌蕊多数。瘦果有毛，多数，聚生于被有绵毛的花托上，花萼宿存。花期5～8月，果期8～10月。

■ 田葛缕子 *Carum buriaticum* Turcz.

图4-7 田葛缕子

伞形科葛缕子属。多年生草本，高50～80cm。根圆柱形，茎通常单生，自茎中、下部以上分枝。基生叶及茎下部叶有柄，长6～10cm，叶片轮廓长圆状卵形或披针形，3～4回羽状分裂，末回裂片线形，茎上部叶通常2回羽状分裂，末回裂片细线形，线形或线状披针形；总苞片2～4，线形或线状披针形；伞辐10～15，小总苞片5～8，披针形；小伞形花序有花10～30，无萼齿，花瓣白色。果实长卵形，花果期5～10月。

田旋花 *Convolvu arvensis* L.

旋花科旋花属。多年生草本，近无毛。根状茎横走。茎平卧或缠绕，有棱。叶柄长1～2cm；叶片戟形或箭形，长2.5～6cm，宽1～3.5cm，全缘或3裂，先端近圆或微尖，有小突尖头；中裂片卵状椭圆形、狭三角形、披针状椭圆形或线性；侧裂片开展或呈耳形。花1～3朵腋生；花梗细弱；苞片线性，与萼远离；萼片倒卵状圆形，无毛或被疏毛；缘膜质；花冠漏斗形，粉红色，长约2cm，外面有柔毛，褶上无毛，有不明显的5浅裂；雄蕊的花丝基部肿大，有小鳞毛；子房2室，有毛，柱头2个，狭长。蒴果球形或圆锥状，无毛；种子椭圆形，无毛。花期5～8月，果期7～9月。

图4-8 田旋花

图4-9 打碗花

图4-10 青杞

■ **打碗花** *Calystegia hederacea* Wall.

旋花科打碗花属。多年生草质藤本。主根较粗长，横走。茎细弱，长0.5～2m，匍匐或攀援。叶互生，叶片三角状戟形或三角状卵形，侧裂片展开，常再2裂。花萼外有2片大苞片，卵圆形；花蕾幼时完全包藏于内。萼片5片，宿存。花冠漏斗形（喇叭状），粉红色或白色，口近圆形微呈五角形。与同科其他常见种相比花较小，喉部近白色。子房上位，柱头线形2裂。蒴果，在我国大部分地区不结果，以根扩展繁殖。

■ **青杞** *Solanum septemlobum* Bge.

茄科茄属。直立草本或灌木状，茎具棱角，被白色具节弯卷的短柔毛至近于无毛。叶互生，卵形，长3～7cm，宽2～5cm，先端钝，基部楔形，通常7裂，有时5～6裂或上部的近全缘，裂片卵状长圆形至披针形，全缘或具尖齿，两面均疏被短柔毛。二歧聚伞花序，顶生或腋外生，花梗纤细，长5～8mm；萼小，杯状，直径约2mm，外面被疏柔毛，5裂，萼齿三角形，长不到1mm；

花冠青紫色，直径约1cm，花冠筒隐于萼内，长约1mm，冠檐长约7mm，先端深5裂，裂片长圆形，长约5mm，开放时常向外反折；花丝长不及1mm，花药黄色，长圆形，长约4mm，顶孔向内；子房卵形，直径约1.5mm，花柱丝状，长约7mm，柱头头状，绿色。浆果近球状，熟时红色，直径约8mm；种子扁圆形，径约2～3mm。花期夏秋间，果熟期秋末冬初。

旋覆花 *Inula japonica* Thunb.

菊科旋覆花属。多年生草本，茎具纵棱，绿色或微带紫红色。叶互生，椭圆形、椭圆状披针形或窄长椭圆形。头状花序少数或多数，顶生，呈伞房状排列。瘦果长椭圆形，被白色硬毛，冠毛白色。花期7～10月。果期8～11月。

牛膝菊 *Galinsoga parviflora* cav.

菊科牛膝菊属。一年生草本。植株高30～50cm。茎直立，有分枝，略被毛或无毛。叶对生，卵形至披针形，长3～6cm，宽1～3cm，叶缘波状，基出三脉，稍被毛；有短叶柄。向上及花序下部的叶较小，披针形，全缘或近全缘。头状花序，有长梗。舌状花5个，白色，雌性；管状花黄色，两性。瘦果，黑褐色。

图4-11 旋覆花

图4-12 牛膝菊

（二）野生花卉的保护与利用

20世纪80年代后，由于游人数量特别是晨练市民数量的剧增，为避免大面积的野生地被频繁被踩踏而造成黄土裸露，天坛先后在内坛多处古柏区和西北外坛增设了大围栏，加强了对生境的保护。长期生态化的管理极大地促进了植物群落的生长发育，植物种类得以保护，林内鸟类、昆虫和微生物繁衍生息，生物呈现多样性，生态系统稳定平衡。

为了进一步加强对野生地被的保护，天坛先后开展了“天坛公园生物多样性的监测”、“天坛公园古柏树群落保护及地被植物恢复”、“天坛公园野生草地持续利用与管理”（见延伸阅读）等课题，对野生地被的生活习性和群落演替规律进行了深入的研究。同时在保护生态环境和生物多样性的基础上，根据植物的生长习性，进行修剪、灌溉、扩繁、调配等干预措施，一大批景观好的观花野生植物在种群中的数量和优势种地位得到大面积凸显，形成了独具天坛特色的野生花卉景观，走出了适合自己的野生花卉保护与发展之路。

天坛野生花卉中最有名的要属二月兰了，有人曾这样赞赏天坛的二月兰：“柏林春天二月兰，苍璧海漫九重天。鸟语花香风浮动，人间天上气韵来。”

二月兰，花蓝紫色，早春开花，一般可以从春季持续到6月。花朵繁茂，一片蓝紫，别有一番野趣。

季羡林有一篇很著名的散文，名字就叫《二月兰》。他说：“我在燕园里已经住了四十多年。最初我并没有特别注意到这种小花。直到前年，也许正是二月兰开花的大年。我蓦地发现，从我住的楼旁小土山开始，走遍了全园，眼光所到之处，无不有二月兰在。宅旁、篱下、林中、山头、土坡、湖边，只要有空隙的地方，都是一团紫气，间以白雾，小花开得淋漓尽致，气势非凡，紫气直冲云霄，连宇宙都仿佛变成紫色的了。”

天坛的二月兰主要集中在祈年殿西侧古柏区，自20世纪80年代古柏区整体围栏后逐渐形成景观，现在与西北外坛等自然草坪构成天坛春天4月特色地被植物。同时因属于蓝色调，又与天坛古建及环境十分协调。每到4月，二月兰成片开放，掩映在天坛古建之中，有相融相生之美。

二月兰管理粗放，在古柏林下能繁衍生息，但完全靠老天的恩惠，常因干旱、打药、汽车压伤、病虫害等因素造成大面积缺株。2003年以后，天坛加强了对二月兰的管理：根据二月兰种子的成熟度调整割草日期、补播种子避免缺株、干旱年份视幼苗期的天气情况及时浇水等措施，保持二月兰在群落中的优势种地位，使其形成景观。目前，每年春季4月，西北外坛数十万平方米的二月兰竞相开放，紫色的花海绵延数十里，被誉为“香雪海”，引无数游人前来踏青游憩。

除二月兰，天坛的抱茎苦荬菜、紫花地丁、夏至草、蒲公英等野生花卉也都在人工干预下形成了较好的景观效果。这些野生花卉都是本地乡土野生种，在自然演变进化中生存，如今又在人工干预下被重新选择并进行扩繁。天坛柏林四季苍翠碧绿，而这些花卉赋予了天坛景观季相上的变化，为古老的祭坛增加了一抹亮色。

图4-13 二月兰景观

图4-14 抱茎苦荬菜景观

图4-15 蒲公英景观

图4-16 田葛缕子景观

二 药圃园、菊圃

（一）建设药圃园及药用植物扩繁

明清时期，天坛盛产益母草，当时皇帝特许神乐观的道士可于坛内采药，制成益母膏售卖，后来许多人都到神乐观开药铺，天坛采药盛极一时。清代名士麟庆撰写了一本著名的游记《鸿雪姻缘图记》，其中所记天坛一段即曰“天坛采药”。清代曾多次整顿天坛的秩序，将神乐署一带的饭铺酒肆尽行拆除，但独独保留了药铺。直到1914年，为了举行祭天，袁世凯下令将所有药铺驱逐出天坛。以后天坛开放，游人日益增多，天坛的草药资源由于人为践踏而被破坏，“天坛采药”一景渐渐地消失了。

为了再现“天坛采药”美景，2003年在天坛在西北外坛原益母草集中地建立了药圃园。药圃园面积300余m^2，栽植了益母草、黄芩、桔梗、丹参、景天三七、射干以及铃兰、玉竹等药用植物10余种，这些药用植物管理粗放，能适应林下环境，并且景观效果较好，1～2季有花。药圃园建设成后，成为一个集科普及景观为一体的所在。

图4-17 益母草

■ **益母草** *Leonurus heterophyllus* Sweet.

唇形科益母草属的两年生草本植物，适宜秋播，当年播种后植株较低矮，掌状叶非常漂亮。翌年春季5月开始快速高生长，同时进入分枝、开花期，通常在7～9月进入盛花期，益母草的花序是轮伞花序，小花粉色或浅紫色，花萼管钟形。由于分枝多、植株高大，花开时长穗状花序形成一片淡紫色的花海。

■ 丹参 *Salvia miltiorrhiza* Bge.

又名赤参，紫丹参，红根等。为双子叶植物唇形科鼠尾草属的多年生草本，根肥厚，外面红色。茎高40～80cm，有长柔毛。叶常为单数羽状复叶；小叶1～3对，卵形或椭圆状卵形，两面有毛。轮伞花序6至多花，组成顶生或腋生假总状花序，密生腺毛或长柔毛；苞片披针形，花萼紫色，花冠蓝紫色，筒内有毛环，上唇镰刀形，下唇短于上唇，3裂，中间裂片最大。小坚果黑色，椭圆形。花期4～6月；果期7～8月。

图4-18 丹参

■ 黄芩 *Scutellaria baicalensis* Georgi.

唇形科植物黄芩属的多年生草本植物，高30～70cm。主根粗壮，略呈圆锥形，棕褐色。茎四棱形，基部多分枝。单叶对生；具短柄；叶片披针形，全线。总状花序项生，花偏生于花序一边；花唇形，蓝紫色。小坚果近球形，黑褐色，包围于宿萼中。花期7～10月，果期8～10月。以根入药。有清热燥湿，凉血安胎，解毒功效。

图4-19 黄芩

■ 桔梗 *Platycodon grandiforus* (Jacq)A.

桔梗科桔梗属植物，多年生草本，叶子卵形或卵状披针形，多年生草本，高40～90cm。植物体内有乳汁，全株光滑无毛。茎直立，有分枝；

图4-20 桔梗

叶多为互生，少数对生，近无柄，叶片长卵形，边缘有锯齿；花暗蓝色或暗紫白色，花大形，单生于茎顶或数朵成疏生的总状花序；花冠钟形，蓝紫色或蓝白色，裂片5。蒴果卵形，熟时顶端开裂。根可入药，有宣肺、祛痰、排脓等功用。

■ 射干 *Belamcanda chinensis* L.

图4-21 射干

鸢尾科射干属的多年生草本，高50～120cm，根茎鲜黄色，须根多数。茎直立。叶2列，扁平，嵌叠状广剑形，长25～60cm，宽2～4cm，绿色，常带白粉，先端渐尖，基部抱茎，叶脉平行。总状花序顶生，二叉分歧；花被片椭圆形，先端钝圆，基部狭，橘黄色而具有暗红色斑点；蒴果椭圆形，具3棱，成熟时3瓣裂。种子黑色，近球形。花期7～9月。果期8～10月。射干药用块茎，有清热解毒、祛痰止咳、活血化瘀的功能。

■ 瞿麦 *Dianthus superbus* L.

图4-22 瞿麦

石竹科石竹属多年生草本植物。高30～60cm，茎丛生，直立，上部2歧分枝，节膨大。叶对生，线形至线状披针形，顶端渐尖，基部成短鞘状抱茎，全缘，两面粉绿色。花单生或数朵集成疏聚伞花序，有香气。苞片4～6片，宽卵形，先端急尖或渐尖，长约为萼筒的1/4；萼圆筒状，细长，先端5裂；花瓣先端深细裂成丝状、喉部有须毛。蒴果长筒形，4齿裂，有宿萼。种子扁平，黑色，边缘有宽于种子的翅。花期5～6月，果期7～10月。是布置花坛、花境的良好材料，也可盆栽或作切花。全草入药，有通经、利尿之功效。

■ 紫萼 *Hosta ventricosa* (Salisb.) Stearn in Gard.

为百合科玉簪属的多年生草本。叶为卵状心型、卵形至卵圆形，先端急尖，基部心形或近截形，具7～10对侧脉。花莛上具有10～30朵花，花紫色，花被管向上骤然作漏斗状，裂片6片。蒴果。花期6～8月，果期7～10月。根叶可入药，花具有清咽、利尿和通经的功能。

■ 玉竹 *Polygonatum odoratum* (Mill.) Druce in Ann.

为百合科黄精属多年生草本植物。根茎横走，肉质黄白色，密生多数须根。叶面绿色，下面灰色。花腋生，通常1～3朵簇生。原产我国西南地区，但野生分布很广。耐寒，亦耐阴，喜潮湿环境，适宜生长于含腐殖质丰富的疏松土壤。《本草正义》："治肺胃燥热，津液枯涸，口渴嗌干等症，而胃火炽盛，燥渴消谷，多食易饥者，尤有捷效。"

图4-23 紫萼

图4-24 玉竹

■ **景天三七** *Sedum aizoon* L.

图4-25 景天三七

为景天科景天属多年生草本，高30～80cm。茎直立，不分枝，单生或数茎丛生。单叶互生，叶片质厚，倒披针形，先端渐尖，基部楔形，边缘有锯齿，几无柄。聚伞花序呈伞房状，顶生；花瓣5瓣，黄色，萼片5片，绿色；椭圆状披针形。蓇葖果5个，成熟时向外平展，呈星芒状排列。花期6～8月。果期7～9月。叶或全草入药，消肿，定痛。由于药用植物种质资源丰富，扩繁时易于获得大量的种子和栽培材料，所以继药圃园成功后，天坛选取其中观赏效果突出的黄芩、桔梗和历史悠久的益母草进行了大面积的扩繁。

2004年天坛在东北外坛的改造中栽植了大面积的黄芩、桔梗，并在斋宫外河廊内南北两侧栽种黄芪、桔梗各3000余平米，每年夏季蓝紫色的小花铺满了河底，给人以幽深、清凉、静谧的感觉。

2009年天坛在西北外坛药圃园北侧撒播益母草4000余平方米；2010年西北外坛绿化改造景观提升工程，在药圃地北侧地区大面积条播益母草6700m^2。花开季节，紫色的小花穗迎风摇曳，吸引了大量的蜜蜂、蝴蝶前来翩跹起舞，漫步其间，一种淡淡的药香沁人心脾，成为药圃园一处野趣、静谧、悠闲的去处，昔日天坛益母草盛开的景象得以重现。益母草植株高大、花朵量多、花期长，是瓢虫、蜂类等有益昆虫重要的蜜源植物和栖息场所，对于周边生态的恢复和发展具有积极作用。

（二）菊圃

天坛东北外坛景区，在2001年前原为北京市花木公司占用，2001年经搬迁和改造后重新划入天坛的管理范围，通过修建从东门至北门的主路，种植柏树、油松等片林，栽植冷季型草坪十余万平米，景观环境得到了很好的改善。在2007年，为了在东北外坛吸引和容纳更多的游人，进一步提升外坛的景观环境，天坛争取了200万国债投资再次对此景区进行改造。此次改造的目的，是完善路网，为游人提供休息活动场地，丰富乔灌木品种，还有一个重要目的就是在天坛外坛打造一个特色菊圃。因为天坛素以菊花养植为特色，品种菊、悬崖菊、大丽菊等闻名于北京公园行业，但缺少户外让游客欣赏的景区和场所，恰逢此次东北外坛改造得以实施。

为了吻合东北外坛的景区环境，改造中选用了一些传统品种和新优品种，如早菊、天人菊、春白菊、日光菊、蛇鞭菊、甘野菊等共计2万余株，栽植形式以沿路、沿置石、沿坛墙旁的自然式种植为主，花期从9月中旬到10月底，非常具有野趣，让游人在休息锻炼的同时还可观赏菊圃各类品种的菊花。

图4-26 菊圃实景图

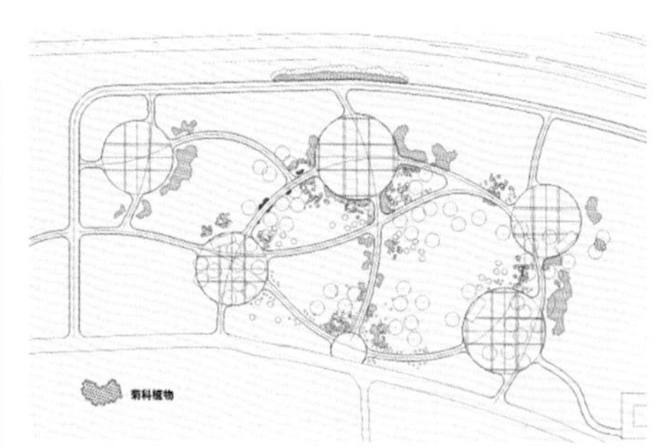

图4-27 菊圃设计图

三　百花园

百花园位于天坛斋宫迤北处。因园内花木繁茂，又有芍药圃、牡丹圃及百花亭，故名百花园。

百花园始建于20世纪60年代初，迄今已逾50年，50年间曾几度调整园中植物配置，建亭榭、置奇石、莳花草，累年经营，今日园中绿树幢幢，花影缤纷，已经成为天坛中一处著名景观。

（一）百花园沿革

明清时期，百花园旧址本为旷地，杂草丛生。“中华民国”初年，始有树木之植，尽为侧柏之属。但因疏于维护，树木多枯死。至20世纪50年代早期，其地树木寥寥，野草丛生，甚是荒凉。当时天坛管理部门就其址栽植了加拿大杨、雪柳、野槭、马鞍槐、臭椿、白蜡及栾树等多种树木，使之生机盎然。1961年4月，新西兰友人威尔科克斯也在那里种下了象征着中新人民友谊的3株云杉。1963年，当时天坛园长赵春如倡议即其地建百花园，于是辟牡丹园、芍药圃并栽种了油松、垂柳、山桃、丁香、榆叶梅、黄刺玫、玫瑰、海棠、玉兰等多种花木，使之颇具园林之趣。1972年，天坛从山东引进了天目琼花并种于百花园中。1976年1月，由吕祖荫倡议，众多人响应，天坛职工汇聚于百花园，种下了1株白皮松，以表达对周恩来总理去世的悲哀和纪念，其树遂被誉为“周恩来纪念树”。1977年天坛调整百花园的植物配置，将雪柳、垂柳、杨树、白蜡各种落叶树大量伐除，易以各色花木，种植了碧桃、兰枝、金雀、连翘多种灌木。园中修建了米字型小径，夹道植西府海棠，还在园中栽植了紫叶李、雪松、龙柏及黄杨诸种常绿树。园中空地尽墁以草皮。又建花坛数座。花坛中种植郁金香、串红、美人蕉等各种观赏花草。

从1976～1982年数年间，日本、朝鲜、加拿大及德意志联邦共和国友人在百花园种下了松树、龙柏、加拿大枫及德国橡树等象征中外人民友谊的友谊树。今日各种友谊树已成为繁茂之株，郁郁葱葱。

20世纪90年代，天坛已将百花园四周环绕的绿篱部分刨除，园中小径也皆墁以方砖，虽然没了环绕之美，却通畅有余，而游人也不以其无隔离之设而遗憾，仍然称为百花园。

（二）牡丹、芍药圃

牡丹、芍药圃位于百花园内，每逢花季，牡丹、芍药竞相开放，吸引了众多游人驻足观赏。

天坛栽植牡丹、芍药历史较久。1949年建国后，北京各大公园在原有的基础上又有所发展，开始注重花卉的栽培工作。1953～1957年，北京市园林局下属各公园从曹州等地引进了一批牡丹和芍药，并邀请当地花工来北京公园指导栽培工作。当时，天坛栽种牡丹、芍药的分布情况大致如下：长廊前东西柏油路南北两侧有长条形花池4个，共451m^2，皇穹宇为起点，从北开始在东西两侧顺次分布有3对花池，第一对为梅花形，东西对称，各55m^2；第二对为六角形，东西对称，为79m^{2}和95m^2；第三对为圆形，东西对称，各130m^2。之后取消；北二门内沿柏油路向南，西转弯路北柏林有方形牡丹池，面积100m^2，栽植91株牡丹；在百花园内建有牡丹、芍药花坛各两组，每组400m^2。同时在园内建有牡丹花坛一个，130m^2，后改为牡丹、芍药花坛。

20世纪50年代，天坛共有牡丹芍药花池面积2695m^2，牡丹64个品种，601株，芍药10个品种，986株。

牡丹品种有：掌花案、大红剪绒、丹炉艳、露珠粉、瑶池春、赵粉、冰

照红石、大金粉、大魏紫、假葛巾紫、紫绣球、紫重楼、紫云仙、海元紫、洪都紫、藕丝魁、烟龙紫珠盘、黑花魁、乌龙卧墨池、深墨紫、小魏紫、墨紫绒球、墨撒全、赛球盘、白玉、宋白、昆山夜光、白鹤、石园白、花二娇、二乔、丹心等。

芍药品种有：南红、粉鱼鳞、天女散花、玫瑰紫、御黄袍、胭脂点玉、沙白、粉单片等。

1971年，对牡丹进行批量大棵补栽。

1979年冬，在丹陛桥北端两侧柴禾栏栽植芍药。后于1993年春按照规划柴火栏芍药取消，建植草坪。

1982年，在斋宫无梁殿前院栽牡丹两组，共180棵，品种21个。后于1995年取消。

至今，只有百花园内牡丹、芍药圃保留。20世纪80年代增加了游人观赏步道。由于品种老化等因素，对牡丹、芍药进行了新品种补种，增加了鲜亮、重瓣等品种，使相同品种不相邻。2003年牡丹圃补种菏泽芍药、牡丹。芍药地选择东西两块地，各300m^{2}共21畦集中移植，与原来老品种分开。芍药圃根据根苗弱小情况，缩小了原来的株行距，共栽植芍药500株21个品种，每个品种25丛左右。牡丹200株6年生33个品种，每种补种品种数量控制在10株以内。

2006年，牡丹圃补植菏泽牡丹6年生130株22个品种，提高了牡丹园观赏效果。

据2007年统计，天坛有牡丹品种62种489株，占地1300m^2；芍药品种30种1080株，占地1600m^2。为了便于对牡丹、芍药品种进行跟踪管理，2008年冬天坛绘制了牡丹芍药品种种植图。

图4-28 牡丹、芍药圃

天坛公园野生草地持续利用与管理

一 天坛公园绿地概况

天坛公园现管面积202万m^2，其中绿地182万m^2。树木6万株，古树3500株，基本覆盖了现辖绿地，鸟瞰景观一片葱绿，2006年《北京日报》报道称“天坛是京城林木最佳地”。不过，治理树下黄土裸露、进行复层绿化始终是天坛公园绿化工作的重心之一，近几年天坛公园120多万m^2野生草地呈现出春开花、夏秋绿、绿色期长的季相动态景观，其中野生地被种类丰富，有168种，2006年《北京晚报》报道称天坛为“北京城区最大的野草地”。数年来，60多万m^2种类多样的人工草坪地被将主要干道、重要景点的黄土裸露得以消除，由于冷季型草坪与涝峪苔草搭配合理，2006年《中国花卉报》报道称其为“人工草坪地被合理搭配之举”。天坛现存3500余株古树与野生地被相映成辉，古柏下开花的二月兰被人们誉为“香雪海”。

图4-29 天坛是京城林木最佳地

图4-30 二月兰“香雪海”景观

图4-31 冷季型草坪与涝峪苔草地被配置

二　天坛公园野草利用管理和研究过程及效果

（一）利用管理过程

1. 初始利用阶段（防火灾）

天坛始建于1420年，面积273万m^2，郊祀祭天，天坛野草布满坛域，只是为了饲用野草、防止火灾在秋天刈割。1918年天坛作为公园对外开放后，仍是野草覆盖坛域。自20世纪60年代初开始发展草坪地被,曾组织过专业草皮班,在重点地区种植野牛草、大小羊胡子草（异穗苔草、白颖苔草），但野生草地一直到1985年仍沿袭镰刀刈割防止秋季火灾。

2. 初级景观利用阶段（防草荒）

野生草地的管理主要是控制高度，为了解决大面积野生草地的修剪问题，自1985年起天坛开始自行研制拖挂式打草机，并逐年改进。用这种打草机，十几个人一周时间就可将全园100hm^2野生草地修剪一遍，有效地解决了草荒这一野生草地景观利用中的关键问题，修剪效率的提高使大规模利用野生草地成为可能。在此之前天坛每年都要全园动员，分片包干，仅主要游览区打一遍草要200多人，挥锹抡镰，十几天才能完成，全年3遍打草需8000多工日，且还有不少地区由于管理不及而荒草萋萋。

3. 中级景观利用阶段（防裸露）

20世纪90年代初，开始种植草地早熟禾为主的冷季型草、涝峪苔草、麦冬草等为主的人工草坪地被，但野草利用管理也在进行。1992～1993两年的调查，共记录到野生草本植物40科153种，采集标本200余份，拍摄照片400余幅，并对有应用前景的64种植物的生长环境、生长规律加以记录。摸索出了一套对野生草地实行园林化管理的办法，即根据野生草的生长发育习性和群落的变化规律，采取以修剪为主，控制高度，辅以扩繁、调配、灌溉等措施，对野生草地进行合理的人工辅助培植，使之整齐美观。提出野生草地园林化管理，有些无可奈何的味道，因为天坛面积大，人力、物力达不到，又不能让荒草蔓长，因而对野草进行修剪，控制高度。经过几年的实践，自然野草经过反复修剪，高大的蒿子、灰菜等野草因未到结籽就被剪掉而数量大大减少，低矮的草本植物则刀下余生得以发展繁盛，观赏效果较人工草地虽有差异，但因其生命力旺盛，养护管理简便而具有明显优势。几年来通过野生草地机械化修剪，到1993年基本达到了“黄土不露天”的标准。

随着大规模机械化修剪，还对野生草地中观赏效果好的草种如二月兰进行人工辅助培植，使之成为特色，6月底及时采收种子，7、8月雨季播种，经过多年，渐成气候。每到春季，古柏区大片二月兰绽放成花的海洋，花香沁人心脾，获得“香雪海”的美誉。但是没有补种二月兰的区域，第二年就可能没有二月兰景观。

4. 高级景观利用阶段（景色美、绿期长）

近几年天坛公园采取“景区干道草坪化、特殊生境地被化、边缘深处野生化”的草坪地被多样化的适地适草布局方式，很好地解决了景区建设和黄土裸露问题。近年来通过“野生草地园艺化管理、人工草坪多样化建植”的措施，达到了“景区干道视线所及地带消灭了裸露地面”。经过几年来人工草坪地被的种植，到2002年基本解决了主要道路两侧黄土裸露的问题，2003年日趋重视野生草地景观美化的问题。

从2003年开始野生草地管理一改过去“草高即割、种类减少”的管理方式为“首次结籽期延迟修剪、种子自播”的园艺手段，有效地解决了野生地被退化问题，从2006年开始呈现遍及全园，享有“香雪海”美誉的二月兰、黄花烂漫的苦荬菜等景观，既不裸露黄土，又季相更替、种类多样、花开满园、绿色期延长。

（二）研究成果简介

1. 天坛野生草地中常见品种

（1）一年生野草：平车前、葎草、灰菜、苋菜、马齿苋、扁蓄、蒺藜、蒿、马唐、蟋蟀草、狗尾草、虎尾草、稗、野豌豆等。一年生野草是6月初至9月末的优势草种。多于4月底至5月中开始萌发生长，在高温多雨的夏季生长旺盛，9月初立秋后结籽，9月末开始发黄，10月经霜枯萎。

（2）二年生野草：二月兰、夏至草、斑种草、独行菜（或一年生）、荠菜（或一年生）、田葛缕子等。二年生野草是春秋两季的优势草种。多于8月中开始萌发生长，12月初上冻后枯萎，次年2月下土表化冻后又开始生长，3月底始花，4月中盛花，5月底结籽后开始枯黄。

（3）多年生野草本：紫花地丁、早开堇菜、苦菜、苦荬菜、繁缕、委陵菜、牛膝菊、蒲公英、旋复花、田旋花、胡枝子、蛇莓、糙叶黄芪、米口袋、地黄、青杞、枸杞（灌木）等。多年生野草由于生长适温要求不同，多年生野草包括冷凉型和高温型两种不同的生长习性。冷凉型草如紫花地丁、车前、地黄、蒲公英、野豌豆等，其生长习性类似二年生草，早春返青，3月初始花，6月中遇高温停止生长，8月中秋凉后又开始生长，12月初上冻后枯萎。高温型如委陵菜、天蓝苜蓿、田旋花、甘菊、蒿等，其生长习性类似一年生草，3月中开始生长，夏秋开花，10月中陆续枯黄。

2. 观赏效果

（1）花期。按照开花时间大致排序：早开堇菜、荠菜、紫花地丁、二月兰、蒲公英、夏至草、地黄、野豌豆、苦菜、苦荬菜、委陵菜、田葛缕子、田旋花、旋复花、青杞。

开花野草的花期和结实期 表4-1

植物名称	花期（月）	结实期（月）
早开堇菜	3~5	5~7
荠菜	4~6	4~6
紫花地丁	4~8	4~8
二月兰	4~6	5~6
夏至草	4~5	5~6
蒲公英	4~5	5~6
地黄	4~6	6~7
野豌豆	5~6	6~9
苦菜	5~9	5~9
苦荬菜	5~8	5~8
委陵菜	5~9	6~10
田葛缕子	5~6	6~8
田旋花	6~8	7~9
旋复花	7~8	9~10
青杞	7~8	8~10

（2）季相。就北京地区来说，早春以双子叶植物为主，而夏季则以单子叶植物为主，秋季则又以双子叶植物为主。具体到个别群落则情况更加复杂和多变。

春季主要组成野草种类：二月兰、夏至草、斑种草、独行菜、荠菜、平车前、紫花地丁、早开堇菜、蒲公英、蛇莓、臭草、稗、糙叶黄芪、米口袋、地黄、苦菜、苦荬菜、胡枝子、枸杞等。

夏季主要组成野草种类：灰菜、苋菜、扁蓄、蒺藜、蒿、马唐、蟋蟀草、狗尾草、虎尾草、马齿苋、葎草、田旋花、田葛缕子、青杞、枸杞等。

图4-32 古柏下二月兰进入开花终期景观

图4-33 二月兰中混生斑种草

图4-34 二月兰中混生臭草

图4-35 二月兰中混生夏至草

图4-36 古柏下抱茎苦荬菜盛花景观

秋季主要组成野草种类：二月兰、夏至草、斑种草、紫花地丁、苦菜、抱茎苦荬菜、独行菜、荠菜、田葛缕子、胡枝子、蛇莓、糙叶黄芪、米口袋、地黄、青杞、虎尾草、蟋蟀草、繁缕、委陵菜、牛膝菊、蒲公英等。

上述野草种类可形成早春3月、4月二月兰盛花期，5月二月兰与苦菜等交替、蒲公英盛花期，6月禾本科萌发期、8月禾本科覆盖期、9月景观、11月初冬景观、12月枯黄时禾本科区和阔叶植物冬景。

3. 主要管理措施

（1）修剪。从野草的类别看，观花野草在生长期、花果期任其生长，待黄萎后进行首次修剪；单子叶植物等观叶野草则可根据景观要求，随时修剪，最后一次修剪要使一年生禾草结籽自播。从时间上看，3～6月，主要是2年生草种的花果期，夏至草、二月兰、抱茎苦荬菜等先后开花结籽，这一时期的野生草地不必修剪。6月中下旬，2年生野草结籽后开始枯黄，这时进行野生草地的第一次修剪。7月进入雨季后，1年生野草如狗尾草、蟋蟀草、马唐、虎尾草、灰菜、蒿子等迅速生长，成为优势草种。7～9月是野生草地控制高度的关键时期，因这时雨勤草旺，需一遍遍反复修剪，保持草地的整齐美观，平均每年在这一时期要打草2～3遍，以避免草荒的发生。多年生草的修剪和1、2年生草一致，一般无特殊要求。10月打最后一遍草，以利冬季防火。

天坛公园近年来实际修剪时期 **表4-2**

年份	第一次修剪时间	第二次修剪时间	第三次修剪时间	第四次修剪时间
2003年	6月3日	7月16日	9月15日	
2004年	6月16日	7月26日	8月24日	9月13日
2005年	6月23日	7月6日	9月11日	
2006年	6月26日	8月1日	9月18日	10月中上旬

图4-37 二月兰结籽期景观

图4-38 二月兰枯黄期（种子成熟期）景观

图4-39 野生草地第一次修剪中景象

图4-40 野生草地第一次修剪后景观

修剪还对野生草地的构成产生了有益的影响。由于夏季反复修剪，较高的蒿子、灰菜、葎草等因不能结籽而明显减少，低矮草本和单子叶植物则成为夏季的优势野草，使野生草地的景观效果更佳。

（2）播种。自然播种、机械修剪时扩散、人工补播。近几年天坛开始有意识地扩大二月兰等观赏价值高的草种面积，6月底及时采收种子，7、8月雨季播种。

（3）围栏。避免游客过分践踏，创造适宜的小环境。

4. 特色植物的生长周期

观花的二月兰和观叶的羊子叶野草、虎尾草对于覆盖黄土裸露具有互补作用。

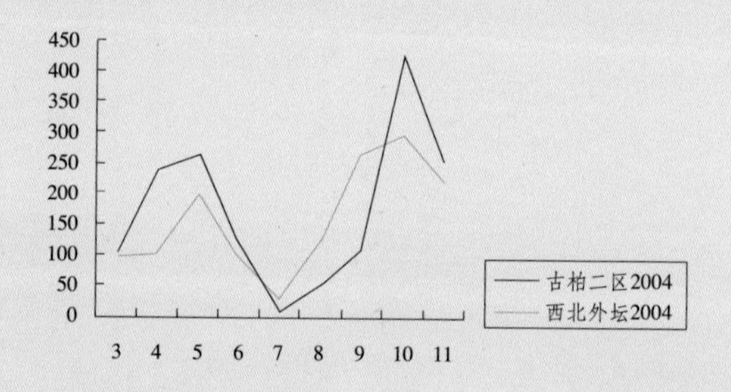

图4-41 采用样方调查该区二月兰不同月份的数量（株数）

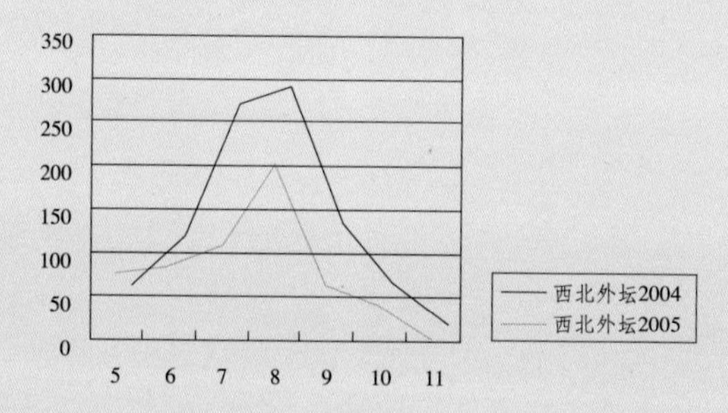

图4-42 采用样方调查该区虎尾草不同月份的数量（株数）

从上述早春、秋季野草二月兰和晚春、夏季野草虎尾草的株数来看，选择适宜的年度内首次和末次修剪期，对野生草地的景观、多样性、绿色期、持续覆盖地尤为重要。决定年度内首次修剪适宜期有三个要素：早春野草如二月兰、夏至草、抱茎苦荬菜、蒲公英等的种子成熟适期，晚春野草如狗尾草、蟋蟀草、马唐、虎尾草等的种子萌发适温和连续降水适期。这样，早春野草种子大量自播得以持续生存，晚春与早春生长得以衔接，实现野生草地春夏之交黄土不露天。决定年度末次修剪适宜期有两个要点：晚秋野草如二月兰、斑种草、夏至草、蒲公英等萌发出苗，夏季野草未枯黄、部分种子成熟。

（三）利用效果

图4-43 古柏下抱茎苦荬菜盛花期景观

图4-44 古柏下二月兰盛花期景观

图4-45 二月兰与抱茎苦荬菜混生景观

图4-46 抱茎苦荬菜与二月兰混生景观

图4-47
古柏下二月兰幼苗景观

图4-48
疏林下二月兰盛花景观

图4-49
疏林下的二月兰、
抱茎苦荬菜混生景观

三　野草的利用、管理要点与研究开发

（一）利用难点

1. 种源缺乏。不像冷季型草等人工草坪地被，有规模化种子的种苗基地。

2. 建成慢。不如冷季型草等人工草坪地被，也不如草花建植块，恢复易。

3. 野草的不确定性。单一种野草年际变化大，如二月兰会出现大小年现象。

（二）利用前景

1. 野草管理简单，不用施肥、除杂草、打药、少许浇水，仅需3次适宜修剪即可。可作为节约型园林绿化举措之一。

2. 城市园林、郊区绿化、山区修复是北京生态文明之举。野生草地利用也是生态园林、生态绿化的有效举措之一。为此，要在生态的层次上来把握野草的利用。第一，黄土不裸露，用草来粘尘、减少二次扬尘。第二，绿地率、人均绿地、绿化覆盖率和绿视率体现出植物至上，离不开野草。第三，绿量要求复层绿化，野草作用重大。第四，适地适草，要求从乡土植物中选种，会选用野草。第五，生物多样性保护和生态系统平衡，需要种类多样的野草。野草在这5个层次上都扮演重要角色，可用于城市园林、郊区绿化、山区生态修复。

（三）利用方向

利用方向不外乎两个，一是野生草地群落利用，具有层和层片特性、建群种、优势种、次优势种等较多草种，即“混”，进行野草制种；二是野生植物种群利用，仅一个草种，即“纯”，进行野草育种。

但使用方式有三种。一是混合野生草种大面积用于覆盖黄土、成阶段性美景，如天坛120万m^2的野草地；二是覆盖能力强、生长期长的单一野生艳花草种用作花径（观赏期长），如桔梗、黄芩可用，紫花地丁覆盖能力差；三是覆盖

能力强、绿色期长的单一野生草种用作特殊生境（绿色期长），如涝峪苔草。

（四）管理要点

生态文明既不是回归自然的原始生态，也不是人间仙境式的理想生态，而是有积极意义的发展生态，公园野生草地也需要管理才能更好地满足游人游憩需要，为此，修剪、补播野草种子是凸显野生混合草地景观优美最主要的管理要点。

1. 修剪要避开两个敏感脆弱期。一是6月末二年生双子叶野草结籽后开始枯黄时，这时首先人工收集种子，然后进行野生草地的第一次修剪；二是注意禾本科野草，尤其是一年生禾草种子的成熟问题，应在9月下旬10月上旬打最后一遍草，同时利于冬季防火。因为艳花双子叶草种冬天茎叶易碎、覆盖差，夏季生长弱，而一年生禾草生长旺、覆盖好。

2. 补播野草种子通过种子成熟修剪而自然播种外，将采收的双子叶种子在7、8月雨季人工撒播，有利于发芽出苗，秋季覆盖地面，第二年开花结实。

（五）研究开发

1. 近年来的研究开发有三大方向：一是注重资源调查，从中筛选出十全十美的草种来；二是野生草种单一使用方向研究；三是野生混合草地演替注重年度、季度变化，不注重月、旬、周变化；只注重开花艳的、时间长的，极少注重花不艳的、时间短的，几乎不关心禾草变化。目前呈现给大家的要么是数年来不变的几处混合野花草地，要么是到处可见的单一野花的小花径，没有形成大气候、大景观。

2. 研究有两个方向：一是混合群落养护和不同层片种类时空演替动态、野生混合草地群落的种源（种子、无性繁殖材料）、不同野草建植时间；二是野生单一草种的种源、建植时间和方式（撒播、容器育苗）、不同或兼有生态型野草育种。

3. 开发有两个重点：一是混合野生草地不同阶段的建群种、优势种、次优种的种子生产，这些种不要求景观时间多长，但要容易制种，通过农业措施可长高，种子量大，种子成熟整齐，可开发制种技术，建立“制种”基地；二是筛选花艳且生长期长的或者是生长季保持绿色的野草驯化成为野生栽培种，这类野草景观时间要长，并得到国家品种审定，也就是“育种”。

简言之，各种典型野生草地的建立是研究方向；制种与育种是目前野生草地的开发方向。

天人协和·花卉文化

“天人合一”是中国古代最核心的哲学思想体系，其内涵是强调天与人的和谐一致。“人”，容易理解，而“天”在古代哲学家笔下，却有很多种含义。有时候是指一个有意志的上帝；有时是指物质的天，与地相对；有时则是指有智力有意志的自然。但是不管为何种含义，人对天的尊崇一直延续了整个中国封建社会。这其中最具有代表性的就是中国古代帝王的祭天大典。

天坛，作为明清皇帝祭祀皇天上帝和祈祷五谷丰登的场所，可以说，中国古人在天崇拜过程中产生、形成的“天人合一”思想完整而系统地内含在了天坛的精神和物质形态之中。天坛从祭天思想、建筑形式、艺术表现、哲学内涵等许多方面，都体现了古人对天的认识，表达了古人希望天人和谐共生的美好愿望（见延伸阅读：天坛祭天文化中的“和谐”思想）。

中国花卉文化历史悠久，其产生及发展过程深受中国传统哲学“天人合一”思想的影响，充满了泛人文主义色彩，而其作为天坛自然环境元素之一，在这个处处体现古人天人合一观的场所里，更具有着特殊的意义。

一 “天人合一”与花卉文化

“天人合一”思想内涵之一强调的就是大自然与人的关系密不可分。儒家把自然人化，老子说:“人法天，天法地，地法道，道法自然。”庄子说:“天地与我并生，而万物与我为一。”强调了人与自然本质的统一。在对自然界的认知方面，我们的先哲认为，自然界的一切都是由充斥宇宙的元气所构成的，元气可以凝结为大山巨川，也可以凝结为草木虫鱼。即使是人类，也是由元气构成的。如庄子的《知北游》有“人之生，气之聚也，聚则为生，散则为死”之说。既然万物均是秉受元气生成的，那么事物的种类不同，属性各异，都不过是元气的不同表现形式而已。

古人在潜意识深处，从来不把花木当作外在的自然物，而总是把它们当成与自己一样的生命体看待。他们认为，宇宙间无非有三种活的物体：人、禽兽、花木。这三者并无等级上的差别，它们都是天、地的产物。由于花木和动物在生命形式这一本质上和人是一致的，所以，中国的文人士大夫严肃认真地把花木当作像人一般的生灵对待，认为花木也和人一样有智有能。

我国古人多引花卉为知己。如杜甫《岳麓道林二寺行》云:“一重一掩吾肺腑，山鸟山花吾友于。”辛弃疾《鹧鸪天·博山寺作》也说:“一松一竹真朋友，山鸟山花好弟兄。” “山性即我性” 、“山情即我情”。在我国古代诗人的笔下，花与人多呈现一种物我两忘，浑然一体的意境，如:“感时花溅泪，恨别鸟惊心”、“只恐夜深花睡去，故烧高烛照红妆”。尘世的“我”与“花”融汇，花变成了能够和人互通情愫之物。明末清初人金圣叹在《鱼庭闻贯》中深有体会:“人看花，花看人，人看花，人到花里去，花看人，花到人里来。”这实际上是把人与花的关系推到了某种出神入化的境界。

在中国的许多古代典籍中，还出现了许多木神、花仙，就连花木命名也充满了人间烟火气，君子兰、含羞草、仙人掌、罗汉松、美人蕉、湘妃竹……仅从这些拟人化的名称，就可见人与花木亲密无间的程度。更让人惊讶的是，中国古人深信，某些花木就是由人变成的。人所共知的“岁寒三友”(松、竹、梅)，“花中四君子”(梅、兰、竹、菊)，“花中十二师”(牡丹、兰花、梅花、菊花、桂花、莲花、芍药、海棠、水仙、蜡梅、杜鹃、玉兰)，“花中十二友”(兰花、茉莉、瑞香、紫薇、山茶、碧桃、玫瑰、丁香、桃花、杏花、石榴、月季)，“花十二婢”(凤仙、蔷薇、梨花、李花、木香、芙蓉、兰菊、栀子、绣球、罂粟、秋海棠、夜来香)，“花王花相”(牡丹、芍药)等说法，不仅表现了以花比人、以人比花、把花当人、把人当花的观念，而且，在这种观念支配下，古人往往把自身的价值取向，也强加在花木身上，将花木分成帝王、宰相、君子、师长、朋友、仆人等，赋予其人格化的内涵。

正因为花中融入了中国传统哲学，才使花有了生命力，得以在中国几千年的历史文明中绵延不绝，深受广大人民的喜爱。在其历史发展过程中，花文化融入了中国文化的诸多领域，内容广泛丰富，表现形式多姿多彩，并极富民族特色。

二 天坛花卉文化

（一）天坛纹饰上的花卉文化

来到天坛您会发现很多建筑彩画和文物上都有花的纹饰，其寓意既有自然的内涵，也有社会文化伦理上的内涵。这些纹饰表现了古人对大自然的崇拜，对自然美好的憧憬与期盼，同时也是对自然界春、夏、秋、冬四季变换等自然规律的最朴素与最直接的认识。寓意着人们的生活要尊重自然规律，按照自然规律办事，顺应自然，利用自然。

图5-1 祈年殿内龙井柱，也叫通天柱，高达19m，柱身饰以沥粉贴金海水江崖西番莲纹（“西番莲纹”源自西方，由明代传入至清代盛行。“西番莲纹”在西方纹样中占有特殊地位，就好像是中国的牡丹。因“西番莲纹”图案造型优美，而且适应性强，因此“西番莲纹”传入我国以后很快被广泛应用，并与中国的吉祥题材如蝙蝠、云龙等相融合，和谐地融化到传统的中国纹饰之中）

图5-2 祈年殿彩画，为和玺彩画（和玺彩画属于清代官式彩画中最高等级的彩画形式。它以龙纹为主要图形，以各种各样的凤或花卉的图案组成。上为牡丹图案，牡丹是富贵吉祥、繁荣兴旺的象征）

图5-3 神乐署彩画（箍头为柿蒂纹；找头为一整二破旋子彩画；枋心为苏式彩画，为茶花和菊花图案）

图5-4 斋宫彩画

图5-5 祭祀武生服饰，上为葵花图案

图5-6 莲花瓦当

图5-7 透风

图5-8 青花大瓷盘

以上是具象花卉纹饰在天坛建筑及文物上的代表，花卉纹饰及简化的花卉图案在天坛建筑及其他文物上还存在很多，它们使天坛整体环境更贴近自然，更具有人文气息，同时也反映了天坛遵循“天人合一”的设计理念。

（二）天坛展览楹联上的花卉文化

楹联，又称对联或对子，是写在纸、布或刻在竹子、木头、门柱上的对偶语句，其言简意深，对仗工整，是中华民族的文化瑰宝。

1996年以来，为了使参观者更加读懂花展的意境及宣传花卉文化，天坛展览开始采用楹联和展板（基本为天坛员工自己编写）相结合的方式对展览及展室内容进行介绍和说明，并受到游客的普遍欢迎，有些游客甚至还专门前来摘抄楹联及展板文字。

1996年“金秋胜春”菊花月季联展楹联：“神坛气韵传千古，丹陛生辉傲金秋”。出现在大立菊展室。为一组用大立菊裱扎造型，表现丹陛桥的场景，点出了秋季菊展与天坛地域文化内涵。楹联描写了菊花“我花开后百花杀”的傲骨风气。神坛：天坛；丹陛：多指宫殿前的台阶。

1998年“古坛秋韵”菊花展楹联一：“竹菊冷傲暗送春雨，落英缤纷漫舞秋风”。“梅兰竹菊”被称为花中四君子，它们各自都被赋予了深刻的文化内涵。梅花独步早春，不染尘世；兰花清心似水，高雅脱俗；青竹挺拔刚健，虚怀若谷；菊花凌霜不凋，侠骨丹心。英：花瓣。**楹联二：**“静对古书寻乐趣，闲观黄花会天机”。黄花：菊花。**楹联三：**“山静松声远，秋清泉气香”。此句出自唐朝令狐楚，描绘了秋天的景象，借此句表达晚秋菊展的意境。

2004年“秋之约”菊花月季联展楹联一：“佳友重阳约瘦客，古坛秋月赏奇葩”。出现在“秋约斋”展室。瘦客：月季；奇葩：指菊花、月季。朋友一起相会在重阳，欣赏北京市花菊花、月季姊妹花展。**楹联二：**“京腔京韵唱古今悲欢离合，菊色菊香品人间善恶忠奸”。出现在“菊坛秋韵”展室。小小的京剧舞台上演着一出出悲欢离合的动人故事，也如菊花般，品味着人间的忠奸善恶。**楹联三：**“国泰民安繁花似锦引五湖四海蝶纷至，秋高气爽明月清风唤三山五岳叶归根”。出现在“花好月圆”展室。借菊花表达祝愿，祝愿华夏儿女、炎黄子孙“但愿人长久，千里共婵娟”。

2005年**“和风送爽”菊花展楹联一：**“同声相应汉阳江口弦断结兄弟，同气相求马鞍山前琴碎谢知音”。出现在“乐在人和”展室。对联讲述高山流水谢知音的故事。相传俞伯牙是古代著名的音乐家，但曲高和寡，无人欣赏。一次中秋时他在汉江即兴弹琴，琴弦突断，古时候有种说法，弦断便是遇到了知音，果然是樵夫钟子期在听他抚琴，俞伯牙弹了一首高山和一首流水，钟子期都能够准确地说出他弹奏乐曲的名字，于是伯牙便把他视为知音，与其结为生死之交，后来伯牙得知子期逝去的消息，悲感世上再无知音，便把琴摔毁，从此再不弹琴。此处借高山流水的故事表现鲜花和音乐都同样需要知音欣赏的道理。**楹联二：**“画上华景中花株株千姿百态未相似，古时鞠今朝菊朵朵傲霜斗雪尽相和”。出现在“和而不同”展室。华：古同“花”，花朵；鞠：菊花的古名。表现菊花所具有的君子般的品格——和而不同。“和而不同”源自《论语·子路》，《论语·子路》有云：“君子和而不同，小人同而不和。”何晏在《论语集解》中对这句话的解释是：“君子心和然其所见各异，故曰不同；小人所嗜好者同，然各争利，故曰不和。”就是说，君子内心所见略同，但其外在表现未必都一样，比如都为天下谋，有些人出仕做官，有些人则教书育人，这种“不同”可以致“和”；小人虽然嗜好相同，但因为各争私利，必然互起冲突，这种“同”反而导致了“不和”。从哲学意义上讲，“和”是和谐，是统一，“同”是相同，是一致；“和”是抽象的，内在的；“同”是具体的，外在的。借此句告诉人们要追求内在的和谐统一，而不是表象上的相同或一致。**楹联三：**“玄琴赤瑟弹五音演七律弦弦心相和，金龙木舟跃四海达三江桨桨力相协”。出现在“心应谐和”展室。琴、瑟：乐器。寓意弹奏音乐和划桨一样，只有心应谐和，才能弹奏出美妙的音乐。**楹联四：**“黄花吐蕊飘馨雅之气傲千里冰霜，白鸽振羽舞和平之风捍万载康宁”。出现在“和气致祥”

展室。用白色的菊花裱扎成白色的鸽子，寓意圣洁和平，同时菊花也有和平之意，符合菊花精神。

2006年“玉德菊韵”菊花展楹联一：“玉壶洁冰心净君子心相映，西风劲霜叶零佳友喜相逢”。出现在“玉之洁”展室。“玉壶洁冰心净”来自唐代王昌龄“洛阳亲友如相问，一片冰心在玉壶”，这首诗流传千古、经久不衰，表现的是君子的品行，似冰般清澈、如玉般无瑕。“冰清玉洁”，不仅是玉所具有的德行，同时也是菊花的精神所在。菊花在万花凋谢的季节超然入世，不与群芳斗艳，不与桃李争春。千百年来，它的这种淡定从容的内质与凛然的气魄成为了历代文人骚客和君子们不变的精神追求和永恒象征。**楹联二：**“独立寒秋风霜难摧匹夫志，三献玉璞血泪更坚君子心”。出现在“玉之坚”展室。楹联的前半句指菊花，后半句指卞和献玉的故事。相传在春秋时代，楚国有个叫卞和的人，他在山上发现了一块璞玉，真心诚意地献给楚国的两代君主，但是却因为不识宝玉，他被君主分别砍掉了双脚。后来楚国的第三代君主——楚文王即了位。卞和听到这个消息，便抱着那块璞玉在荆山脚下哭了三天三夜，他哭干了眼泪，眼睛里也淌出了血。他的这份真情终于感动了楚文王，他找来玉匠剖开那块璞玉，经过雕刻，结果竟然得到了世间最为罕见的美玉——和氏璧，从此之后，和氏璧便成了历朝历代极其名贵的珍宝。卞和献玉的故事家喻户晓，而他的那种“宁为玉碎，不为瓦全”的精神也一直为世人所传颂。**楹联三：**“菊分七彩黄称尚，玉有五德仁为先”。出现在“玉之仁”展室。菊花有很多种颜色，宋代刘蒙在其《刘氏菊谱》中将菊花的其中五种颜色进行了等级划分，分别为黄、白、红、紫和青绿，其中黄色是最高贵的颜色，菊花颜色的这种划分与当时的皇权为尊有着密不可分的关联。玉之五德：仁、义、智、勇、洁，其中“仁”居首位，“仁”是儒家学说最主要的方面，孔子曾经这样说道：“人而不仁，如礼何！人而不仁，如乐何！”，“仁”是玉的质感和本质，同时也是儒家思想的道德基础。**楹联四：**“假作真时真亦假，无为有处有还无”。出现在“玉之情”展室。源自红楼梦的故事；“瑕不掩瑜，瑜不掩瑕”，真正的美玉不仅应有温柔的容貌，更应具有这种鲜而不垢，折而不挠的至刚性情。借红楼梦的故事表达玉和菊花同样具有这种真性情的高贵品质。**楹联五：**“金乌常飞玉兔走冬温夏清，厚德载物天行健春华秋实”。出现在“玉之思”展室。“金乌”代表太阳，“玉兔”代表月亮。“日月变换，斗转星移，但孝心不变”，以“金乌”和“玉兔”为主要元素来表现“孝”在我国的重要地位，同时并以“孝”为切入点，来引发人们对“修德”的思考。

2007年“奥运中国·礼仪天下”菊花展楹联：“奉茶为礼尊长者，备茶心意表浓情”。出现在“以茶示礼”展室。引入中国传统文化，表达在奥运来临之际，以茶待客来迎接各方来客。中国人自古以来就有以茶待客、以茶示礼的风俗。凡有客来，必先奉上一杯清茶，这是一种礼仪。客来敬茶，首先是为了向来客示敬，其次也是为了让远道而来的客人消烦解渴，再则也表达了主人让客人安心入座和留客叙谈之意。儒家把“中庸”和“仁”、“礼”思想引入中国茶文化，主张通过饮茶沟通思想，创造和谐气氛，增进彼此感情；通过饮茶可以自省、省人，以此来加强彼此的理解，促进和谐。

2008年“神州巨变三十年”菊花展楹联：“劈山斩岭江开路，开天辟地宇化世”。阐明强国之路，神州巨变。

2009年“六十年中国，人寿年丰”菊花展楹联：“甲子重新如山如阜，春秋不老大德大年”。出现在“仁者长寿”展室。庆祝建国60周年。

（三）天坛花卉文化精髓

天坛花卉文化自产生之初就被深深地烙上了“天人合一”的印记。天坛初建时，古人承用“殷人以柏”（《论语》）之礼，内外坛遍植常绿柏树，以

象征“苍璧礼天”（《周礼》）之形。郊坛的性质决定了天坛林下覆盖有大量的野生地被植物，自然韵味十分浓厚。明清时期，天坛神乐观道士遍植花木，使神乐观一带花木繁多。古人有花朝节[①]赏花之俗，节日期间，人们结伴到郊外游览赏花，称为“踏青”。届时，天坛是赏花的好去处。清代潘荣陛《帝京岁时纪胜》记载：“(二月)十二日传为花王诞日，曰花朝。幽人韵士，赋诗唱和。春早时赏牡丹，惟天坛南北廊、永定门内张园及房山僧舍者最胜。”大面积的树林、丰富的植被及花卉为天坛创造了“天人协和”的生态环境。

昔日，天坛花卉作为自然要素成为古人营造“天人协和”的工具，今日，作为人民大众休憩游玩的公园，其所蕴含的“天人合一”理念在此又具有了新的意义。

对于“天人合一”，我国国学大师季羡林在《“天人合一”新解》中有如下解释：“我理解的‘天人合一’是讲人与大自然合一。人，同其他动物一样，本来也是包括在大自然之内的。但是，自从人变成了‘万物之灵’以后，顿觉自己的身价高了起来，要闹一点‘独立性’，想同自然对立，要平起平坐了。这样才产生出来了人与自然的关系。人类在成为‘万物之灵’之前或之后，一切生活必需品都必须取自于大自然，衣、食、住、行，莫不皆然。人离开了自然提供的这些东西，一刻也活不下去。由此可见人与自然关系之密切、之重要。怎样来处理好人与自然的关系，就是至关重要的了。”

其实关于“天人合一”中自然与人为的内涵，古人早有论断。它由道家最先提出，而且在很大程度上是与儒家“仁义”的思想相对而言的。《老子》一书就批驳说：“大道费，有仁义？”老子用这句话质问说，你们（指儒家）要讲仁义，只有把自然界的规律都废弃了，才有“仁义”可说呢。你们儒家这样

①花朝节，简称花朝，俗称“花神节”、“百花生日”、“花神生日”、“挑菜节”，是汉族的传统节日。

违背自然规律去传授你们“仁义”的主张，那怎么行呢！庄子在《秋水》篇中讲：“牛马四足，是谓天；络马头，穿牛鼻，是谓人。”庄子在此讲了“天”和“人”的定义。他将牛马四足的自然形态比作自然的天；而拢马头、牵牛鼻子是人的行为，也是人对自然形态的了解、改造与利用。道家的这些论述说明了“自然与人为”层面的“天人合一”思想。因此道家多主张“师法自然”，而不是无限度地向自然索取。道家认为“自然与人为”之间的关系，是“人”的行为应该是认识自然，顺应自然，积极地保护自然，有限度地利用自然、改造自然。

这种思想在当今社会更具有积极的现实意义。多年来，天坛一直遵循“天人合一”中自然与人为的思想精髓，在注重人与自然和谐、保护生物多样性方面做了大量的工作，为广大游客、为城市生态作出了应有的贡献。

4月的天坛，晨曦中的薄雾还没有散去，朦朦胧胧的，一缕缕金色的阳光从柏林的缝隙中斜穿进来，古柏的树干像涂抹了油彩一般，闪耀着光芒。一片片淡蓝色的二月兰花儿静悄悄地依偎在“古树老人”的脚下盛开着，阳光一照，反射出斑斓、迷人的色彩，散发着诱人的芳香。自然与人为的和谐理念在昔日的皇家祭坛里得到了新的诠释，“天人合一”的花卉文化与诠释“天人合一”的天坛得到了完美的融合。

天坛祭天文化中的“和谐”思想

和谐是中国传统哲学思想体系的一个重要范畴，是中国传统文化的基本精神，它是最高的价值标准，一直以来都在规范着我们的观念、范畴、理论框架和心理习惯。和谐文化在中华文明5000年的历史进程中，对于维护社会稳定，增强民族凝聚力，起到了不可或缺的重要作用。中国的祭天文化源远流长，祭天作为一种人类早期受意识形态支配而出现的一种与未知自然界沟通交流的主观行为，自其出现之时，就融入了人们对和谐的渴望与追求。

天坛，作为中国古代祭天文化的代表作，可以说，中国古人在天崇拜过程中产生、形成的“天人合一”思想完整而系统地蕴涵在了天坛的精神与物质形态之中。它在祭天思想、建筑形式、艺术表现、哲学内涵等许多方面都无不体现了古人对天的认识，表达了古人希望天人和谐共生的美好愿望，蕴涵着丰富的“和谐”思想。

一　和谐之源——古人祭天思想

“报本返始，不忘其初。”《礼记》祭祀最初是为了表达对天地、诸神的崇敬，感念祖先追怀自己的出处。“郊之祭，大报天而主日，配以月。”《礼记》郊祭的目的正是意在报答“天”这个万物之大本，使人与天和谐融洽共存。祭天之礼被视作沟通人神，传达人们美好祈盼的有效途径之一。祭天行为从诞生之日起便承担了促进和谐的社会功能。

西周时期，经过周公对前代礼的加工改造，建立起较为完备的礼制体系，祭祀被纳入到西周礼制体系中并作为一项重要的国家制度。而祭天也成为国家祭祀中最重要的礼仪。《礼记·王制》中记载：“天子祭天地，诸侯祭社稷，大夫祭五祀。”祭天成为天子所独擅的特权。在西周礼制体系中，祭祀制度作为封建国家的一项重要制度，不再只是宗教信仰仪式活动的简单规则，它深刻体现了统治者的意志，成为统治者维护宗法人伦秩序的有力手段。

明清时期天坛作为举行祭天、祈谷大典的郊坛，继承了历代祭祀思想的精粹，并有所发展，在维护和稳定封建统治秩序、伦理纲常、构建人与自然关系的和谐等方面起到了应有的作用。

二　和谐之祀——祭祀种类与时间

天坛祭祀活动主要包括：圜丘坛冬至日祭天大典，祈谷坛正月上辛日祈谷大典，崇雩坛孟夏龙见雩祀大典。“人法地，地法天，天法道，道法自然”，天坛作为郊坛祭祀建筑，在这里所举行的每一个祭典，都具有特殊的性质和意义，或遵循古制、或遵循时例。体现了古人对宇宙间自然法则的认知，人与自然的相互依存、和谐共生。

圜丘坛冬至日祭天大典。“日冬至则一阴下藏，一阳上舒”，冬至日为“一阳资始”。西周时期定“冬日至，祭天于地上之圜丘。”《礼记·郊特牲》中亦记载：“郊之祭也，迎长日之至也，大报天而主日也”，因而历朝历代均择取冬至日举行祭天大典。

祈谷坛正月上辛日祈谷大典。祈谷之礼始自西周，周时有“以正月祭天以祈谷”。《礼记·月令》说：“孟春之月，天子乃以元日祈谷于上帝。”祈谷礼也在都城南郊举行。

崇雩坛雩祀大典。雩祀是中国古代祈求降雨的祭祀典礼。《礼记·月令》

记载:“仲夏之月，大雩帝，用盛乐。”明嘉靖时在圜丘坛外泰元门东侧建雩坛，行雩祀礼。清初沿袭明朝祭祀制度，天旱时也举行雩祀。雩祭之典分为两种：“常雩”和“大雩”。常雩，每年孟夏（阴历四月）占卜吉日定期举行。常雩后仍不降雨，改在天神坛、地祇坛、太岁坛举行，大雩礼，在三坛祈雨仍不果后举行，皇帝亲祀圜丘。

三　和谐空间——天坛的选址布局

选址。《周礼》：“营国，左祖右社，明堂在国之阳。”自有都城以来，凡祭天，都选在都城的南方，以取《周礼》国之阳之意。自东晋元帝司马睿建都建康立南郊于巳地后，丘郊之坛开始立于都城的东南方。以后历代多选东南方立坛。到明永乐年间建北京天坛时，选择在正阳门与崇文门之间为坛位，也是定位于北京城的东南方向。天坛的择址营建遵循周礼，同时也符合先天八卦论之说。《周易·说卦》曰：“天地定位，山泽通气，雷风相薄，水火不相射，八卦相错。”“乾，阳物也，坤，阴物也。”古人依据这一段话，提出先天八卦论，按照先天八卦方位，乾南、坤北、离东、坎西、兑东南、艮西北、震东北、巽西南。《周易·说卦》曰：“乾为天为君为父……坤为地为母”、“离为火为日……坎为水为月……”，这就是说乾为天在正南，坤为地在正北，离为日在正东方，坎为月在正西方。古人认为，先天八卦方位才是天地日月的本来方位。古人为了将天坛、地坛、日坛、月坛与先天八卦方位对应起来，于是就按照先天八卦方位将天坛建在北京古内城的南方，将地坛建在北方，将日坛建在东方，将月坛建在西方。而四坛中间就是皇帝的都城。

布局。中轴线呈偏东的分布格局，拉长了从西门进入到达祭坛的距离，营造出幽远深邃的氛围和意境，使虔敬之情油然而生。

天坛建筑高度自南向北呈逐渐增高的态势，圜丘通高5.17m，皇穹宇通高

19.2m，祈年殿通高38m。由南向北眺，祈年殿仿佛在天的尽头，行走在轴线上，产生一种逐渐步入天境的感觉。中轴线南北分别是祈谷坛和圜丘坛，这也是天坛的两大主要建筑群。连接二者的是一条长360m，宽36m的丹陛桥，丹陛桥使得天坛虚而无形的中轴线变成了一条实而有形的存在。且丹陛桥南低（42.32m）北高（44m），也造就了由南向北逐步升高的情境。这种意境与天坛祭天的氛围非常协调，表现出“天”的神秘圣洁和幽远无垠。

天坛圜丘坛和祈谷坛两组建筑的形制和高度也营造出独特的空间效果。南部的圜丘坛初建于明嘉靖九年（1530年），为三层台组成，用于冬至日举行祭天大典，台径自上而下分别达5丈9尺、10丈5尺、22丈，清乾隆十四年（1749年），对圜丘台径进行扩展，分别变更为9丈、15丈、21丈，台面的拓宽，越发营造出“圜丘祀天，宜即高敞，以展对越之敬”的空间效果，天人相通的意境也由此而生。北部的祈年殿用于正月上辛日举行祈谷大典，高度达38m。祈年殿整体呈现圆的造型，圆形的台、圆形的殿，处处呈现和谐之美，有形的建筑衬托在无形的天体之间，建筑与天相融合，制造出天人合一、与天相融的境界，空间效果非常壮观。

天坛作为郊坛祭祀建筑，“郊”的氛围的营造非常重要，历史上天坛占地面积达273hm^2，祭祀建筑仅占十分之一，《日下旧闻考》中记载“坛之后树以松柏”，天坛大片区域植以松柏，天坛现存古柏3500余株，尤其是在主体建筑两侧种植大面积的常绿树木，附属建筑隐蔽其中。大面积的绿色空间环绕着祈年殿、圜丘，突出了郊坛祭祀有“丘”且洁的效果，营造出自然与人和谐共存的郊野意境。

四　和谐之名——天坛建筑名称

天坛建筑名称与建筑功能、形制相结合，生动形象地传达出了天坛作为祭天、祈谷场所的寓意和神韵，名称与建筑有机地融合在一起，充分体现了和谐的精神。

圜丘。明嘉靖九年（1530年），嘉靖皇帝实行天地分祀，专建圜丘祭天，十月工成，谕曰“南郊之东坛名天坛……诸载会要，勿得混称”。故今日天坛之称谓实指圜丘。《尔雅》中释：“土之高者曰丘”，取自然之丘圜者，象天圜。因此，祭天之坛取天圆之意，名之圜丘，神形兼备，非常贴切，表达了古人对天的认知。

大祀殿—祈享殿—泰享殿—大享殿—祈年殿。永乐十八年（1420年），天地坛时期，称大祀殿，用于天地合祀。嘉靖十九年（1540年），大祀殿改建动工，此时称“祈享殿”，意为祈谷与大享之殿。嘉靖二十一年（1542年）重新鼎建，世宗敕谕礼部：“南郊旧殿原为大祀所，昨岁已令有司撤之，朕自作制象，立为殿，恭荐名曰泰享，用昭寅上帝之意。”嘉靖二十四年（1545年）改为大享殿，用于举行大享之礼，尊父配祖。清乾隆十六年（1751年）因殿名与孟春祈谷有异，乾隆皇帝遂改大享殿为祈年殿，门为祈年门。

圜丘四天门。东为泰元门，南为昭亨门，西为广利门，北为成贞门，此称谓取意于《易·乾》中的“乾 · 元亨利贞”，蕴含着丰富的哲学意义，“物生为元，长为亨，成而未全为利，成熟为贞”（朱熹），道出了事物发展成长、周而复始的循环周期。天坛建筑名称将人们对天的认识融合在一起，表达出皇天浩瀚、广阔无垠的意境，反映了与天、天时、人事等的和谐统一。

五　和谐之美——祭祀建筑形制及色彩

《汉书·郊祀志》记载：“帝王之事莫大乎承天之序，承天之序莫重于郊祀，故圣王尽心极虑以建其制。祭天于南郊，就阳之义也。”历代帝王对于郊坛建筑的营造均倾注了极大的精力和热情，从而使人们能够欣赏到北京天坛，这座至今保存最完整、规模最大的中国古代皇家祭坛。

天坛建筑造型的象征手法主要体现了“天圆地方”的设计思想。早在周代时古人就认为“天圆如张盖，地方如棋局”，天坛的祭祀建筑风格完全融入了古人对天体的原始理解。圜丘坛两重壝墙内圆外方，象征了天圆地方；祈年殿圆形蓝色琉璃檐、白色圆形台面，四周方形壝墙，象征了天圆地方；皇穹宇（俗称回音壁）圆形围墙及圆形的正殿，是天圆的象征；“圜丘祀天，宜即高敞，以展对越之敬”，圜丘的平缓宽敞营造出“天人合一”的和谐之美；祈年殿三层蓝色琉璃檐，层层收缩，呈渐入云海之势，与天色和谐融为一体；皇穹宇为圆形殿宇，蓝色、圆形琉璃檐，反映了古人对天体的认识；位于祈年殿北的皇乾殿，是清代储存皇天上帝和列祖列宗牌位的大殿，也采用蓝色琉璃瓦顶，以象天色。

六　和谐寓意——建筑数字

祈年殿内柱。祈年殿由内、中、外三层大柱组成。大殿中间的4根大柱叫龙井柱，象征一年春夏秋冬四季。中间的12根大柱叫金柱，象征一年的12个月。最外层12根大柱称为檐柱，象征一天的12个时辰。中外两层柱子相加共24根，象征一年24个节气。加上中间4根大柱共28根，象征周天28星宿。

圜丘建筑构件。《周易》认为“天地之数，阳奇阴偶”。“九”作为奇数中最大的数，被视作至阳之数。古人认为天为阳性，祭天的场所也为阳性，在圜丘建筑构件尽采用至阳之数“九”及“九”的倍数。环绕圜丘的天心石共有九重石板，每重石板采用九的倍数向外扩延，至第九重的81块，合计有石板405块，恰为9的倍数。圜丘坛面的直径也与九有着密切的关系，其上层坛面直径为9丈，中层15丈，下层21丈，共合45丈，不仅体现了至阳的含义，同时也蕴含着“九五”之尊的寓意。

七星石。明朝嘉靖年间改建大享殿时，有道士向嘉靖帝进言，称大享殿的东南方空虚无物，不利于皇图永固及国祚绵长，对皇帝的寿命也十分不利，建议设镇石以镇风水。嘉靖帝笃信道教，听从道士的建议，在长廊南摆设了7块巨石做镇石，并称为七星石。清朝入关后，在七星石东北侧又加一石，以表示不忘东北故土之意，所以七星石虽称七星，实际由八块巨石组成。

长廊。又称七十二连房，与七十二地煞的说法吻合。

七　和谐雅乐——天坛中和韶乐

中和韶乐源自西周时期的“雅乐”。古人信奉“治民莫善于礼，移风易俗莫善于乐”，所谓“礼乐皆和谓之乐”，所以礼乐制度被作为一种社会秩序来遵守，促成了社会秩序的稳定与和谐。

“中和韶乐”是一种融礼、乐、歌、舞为一体的祭祀乐，是明清两朝举行祭祀、朝会及宴飨活动时所使用的音乐，“中和韶乐”和以律吕，文以五声，八音迭奏，玉振金声，在清代大祀、中祀、群祀的祭祀活动中，除了群祀乐演奏“庆神欢”外，其他坛庙祭祀均使用“中和韶乐”。

“中和”一词被视为儒家道德修养的准则，是致万物和谐的标准。“中也者，天下之大本也，和也者，天下之达道也。致中和，天地位焉，万物育焉”。天坛“中和韶乐”是明清两朝举行祭祀、朝会及宴飨活动时所使用的音乐，它是礼仪制度和音乐制度的综合体，达到了“礼”与“乐”的水乳交融。

八　和谐之声——天坛回音现象

天坛建筑构思独特，设计巧妙，奇特的回音现象为其增添了神秘的色彩，营造出令人称奇的回音效果，仿佛沟通了人间与上天。

回音壁。皇穹宇的圆形围墙，若两人面向北立于大殿两侧说话，即便距离很远，双方声音也能清晰可闻。回音是在声波发出后经回音壁圆形墙壁的连续多次发射后产生的。再加上砌造回音壁所使用的是山东临清城砖，这种砖质地细密，敲之有声，断之无孔，是良好的声波反射体，因此在其间回荡的声波经多重反射后，仍能产生清晰的回声。

三音石。站在“三音石”上击掌可以听到三声回音。人在此即使窃窃私语，也能产生很大的回声，映照了“人间私语，天闻若雷”的说法，喻示“皇天上帝”能够听到人间的祈求。

对话石。皇穹宇正殿前甬道从南往北数的第三块石头。站在此处，可以清楚地听到来自皇穹宇东西配殿东北角或西北角的声音。

天心石。“天心石”的位置，是圜丘台的中心点，人站在上面讲话，声音通过空气向四面八方传播，声波经石栏杆和台面的反射汇聚在一起，从而产生洪亮的回声。又因为护栏的高度不同，声波传递出去遇到远近不同的障碍返回的时间不同，因此回音效果好像不止一个人说话。这种现象在明嘉靖初建圜丘时就已存在。祭天大典时，嗡鸣的声音由此发出，仿佛能与天神交流，从而达到天人合一的境界。

“天垂象，圣人则之，郊所以明天道也”。古人顺从阴阳之义，祭祀天地、先圣、先王、先祖，以求天地阴阳和顺，上下和顺，人人和谐，天下太平。天坛作为中国古代祭天文化的实物载体，是研究古人祭祀思想的珍贵精神财富和文化遗产，我们在理解其和谐内涵的同时，更要重视挖掘其在今日社会中应该发挥的作用，使其灿烂的思想和价值能对后人产生裨益。

附录1
天坛现保有菊花品种名录

传统菊花品种名录（按首字拼音排序） 表附1－1

序号	品种名	类别	类型
1	白后	平瓣类	叠球型
2	白夔龙	管瓣类	管球型
3	白莲粉状楼	平瓣类	叠球型
4	白龙鳞夔花	匙瓣类	卷散型
5	白鹭横江	管瓣类	钩环型
6	白毛刺	畸瓣类	毛刺型
7	白鸥逐波	匙瓣类	卷散型
8	白球	匙瓣类	匙球型
9	白十八	平瓣类	单瓣型
10	白托桂	桂瓣类	管桂型
11	白西厢(风清月白)	平瓣类	叠球型
12	白云龙	匙瓣类	叠球型
13	白云缀宇	匙瓣类	叠球型
14	班中玉笋	匙瓣类	卷散型
15	碧海英风	管瓣类	管盘型
16	碧玉勾盘	管瓣类	钩环型
17	碧霞宫	管瓣类	贯珠型
18	汴梁绿翠	管瓣类	管盘型
19	波澜壮阔	匙瓣类	翻卷型
20	薄荷香	管瓣类	钩环型
21	彩云缀宇	匙瓣类	匙球型
22	残雪惊鸿	匙瓣类	雀舌型
23	草庵山彦	平瓣类	叠球型
24	草庵卧龙	管瓣类	管盘型
25	蟾宫桂色	桂瓣类	管桂型
26	长风万里	管瓣类	钩环型
27	长虹飞鹤	管瓣类	疏管型
28	长生乐	管瓣类	贯珠型
29	嫦娥歌舞	匙瓣类	卷散型
30	嫦娥奔月	匙瓣类	卷散型
31	沉香台	平瓣类	叠球型
32	橙黄球	匙瓣类	匙荷型
33	赤诚	平瓣类	芍药型
34	赤金夔龙	平瓣类	叠球型
35	赤线金珠	管瓣类	贯珠型

续表

序号	品种名	类别	类型
36	赤液金荷	匙瓣类	匙荷型
37	出水芙蓉	管瓣类	疏管型
38	褚台(墨魁)	匙瓣类	匙球形
39	春风桃李	管瓣类	管盘型
40	春江花朝	管瓣类	管盘型
41	春水绿波	管瓣类	疏管型
42	春满乾坤	匙瓣类	卷散型
43	慈云万点	匙瓣类	卷散型
44	大方梦追鹰(球)	平瓣类	叠球型
45	大黄管	管瓣类	钩环型
46	大方白龙	管瓣类	飞舞型
47	大方梦追鹰(丝)	管瓣类	贯珠型
48	大光明	匙瓣类	匙球型
49	大风歌	匙瓣类	卷散型
50	大红托桂	桂瓣类	匙桂型
51	大黄袍	匙瓣类	匙球型
52	大漠飞鹰	畸瓣类	龙爪型
53	丹陛金狮	平瓣类	叠球型
54	得意缘	管瓣类	钩环型
55	豆绿衣裳	管瓣类	管盘型
56	独立寒秋	匙瓣类	卷散型
57	二乔	平瓣类	叠球型
58	芳城拾翠	管瓣类	贯珠型
59	芳溪秋雨	管瓣类	针管型
60	飞燕新妆	管瓣类	钩环型
61	飞燕新姿	管瓣类	钩环型
62	飞珠散霞	管瓣类	贯珠型
63	粉白大型花	平瓣类	荷花型
64	粉勾环	管瓣类	钩环型
65	粉鹤翎	管瓣类	管盘型
66	粉金刚	匙瓣类	卷散型
67	粉金面	匙瓣类	卷散型
68	粉夔龙	管瓣类	管球型
69	粉毛	畸瓣类	毛刺型
70	粉面条	管瓣类	贯珠型
71	粉女王	平瓣类	叠球型
72	粉松针	管瓣类	松针型
73	粉舞莲	匙瓣类	匙球型
74	粉线明珠	管瓣类	贯珠型
75	粉游	管瓣类	钩环型
76	粉妆楼	平瓣类	叠球型
77	风清月季	平瓣类	叠球型
78	风雪捧球	平瓣类	叠球型
79	风搅雪	管瓣类	管盘型

续表

序号	品种名	类别	类型
80	风卷红旗	平瓣类	荷花型
81	风流潇洒(百鸟朝凤)	管瓣类	钩环型
82	风雪春城(玉环飞舞)	管瓣类	钩环型
83	风雪春洲	平瓣类	叠球型
84	风衣水佩	管瓣类	疏管型
85	凤冠霞帔	管瓣类	贯珠型
86	凤凰台	匙瓣类	匙球型
87	凤凰振羽	管瓣类	钩环型
88	福寿舞	管瓣类	钩环型
89	覆霞	平瓣类	叠球型
90	富士之春	匙瓣类	匙球型
91	钢花	管瓣类	飞舞型
92	钢铁意志	匙瓣类	卷散型
93	高山彩云	平瓣类	翻卷型
94	高原之云	平瓣类	叠球型
95	沽水流霞	管瓣类	贯珠型
96	古城风貌	平瓣类	荷花型
97	古玉玲珑	管瓣类	飞舞型
98	关东大侠	管瓣类	钩环型
99	光辉	平瓣类	叠球型
100	光芒万丈	管瓣类	丝发型
101	龟板皂球	平瓣类	叠球型
102	贵妃醉酒	匙瓣类	卷散型
103	孩儿面	匙瓣类	匙荷型
104	海天霞	管瓣类	钩环型
105	汉宫秋(月)	管瓣类	钩环型
106	禾城钢玉	匙瓣类	匙球型
107	禾城故乡月	平瓣类	叠球型
108	和平之光	平瓣类	翻卷型
109	鹤舞云霄	管瓣类	针管型
110	黑旋风	平瓣类	荷花型
111	红粉蝴蝶	匙瓣类	卷散型
112	红冠	平瓣类	叠球型
113	红虎球	平瓣类	叠球型
114	红龙爪	畸瓣类	龙爪型
115	红楼万卷	匙瓣类	卷散型
116	红梅阁	平瓣类	叠球型
117	红狮猛醒	管瓣类	钩环型
118	红衣锦绣	匙瓣类	匙荷型
119	虎背斜阳	平瓣类	叠球型
120	虎头	平瓣类	叠球型
121	虎跃龙骧	畸瓣类	龙爪型
122	琥珀凝翠	管瓣类	管盘型
123	洹水明珠	桂瓣类	平桂型

续表

序号	品种名	类别	类型
124	黄绣球	平瓣类	叠球型
125	黄鹤楼	平瓣类	叠球型
126	黄鹤衔珠	管瓣类	贯珠型
127	黄精益寿	平瓣类	叠球型
128	黄夔龙	管瓣类	管球型
129	黄娇凤	平瓣类	翻卷型
130	黄龙爪	畸瓣类	龙爪型
131	黄十八	平瓣类	单瓣型
132	黄石公	平瓣类	叠球型
133	黄香梨	管瓣类	翎管型
134	黄衣舞	管瓣类	钩环型
135	灰鸽	匙瓣类	匙荷型
136	灰鹤衔珠	管瓣类	松针型
137	灰毛	畸瓣类	毛刺型
138	灰鹤展翅	管瓣类	翎管型
139	回文锦	匙瓣类	卷散型
140	火炼真金	平瓣类	翻卷型
141	酱紫毛菊	畸瓣类	毛刺型
142	拮宇欲雨	管瓣类	飞舞型
143	精山古刹	匙瓣类	匙荷型
144	金背大红	平瓣类	芍药型
145	金碧辉煌	平瓣类	叠球型
146	金顶霞辉	匙瓣类	匙球型
147	金鹅飞天	平瓣类	翻卷型
148	金波涌翠	管瓣类	钩环型
149	金风万里	匙瓣类	卷散型
150	金凤钗	管瓣类	管盘型
151	金凤千里	管瓣类	贯珠型
152	金凤舞环	管瓣类	钩环型
153	金鸡唱晓	匙瓣类	雀舌型
154	金鸡红翎	匙瓣类	雀舌型
155	金葵向阳	平瓣类	芍药型
156	金龙献爪	畸瓣类	龙爪型
157	金龙爪	畸瓣类	龙爪型
158	金牡丹	平瓣类	叠球型
159	金天地	平瓣类	叠球型
160	金线垂珠	管瓣类	贯珠型
161	金掌承露	管瓣类	飞舞型
162	金钟震宇	平瓣类	叠球型
163	金马玉堂	平瓣类	叠球型
164	金波吠日	管瓣类	飞舞型
165	金戈铁马	管瓣类	飞舞型
166	金毛喉	畸瓣类	毛刺型
167	金麒麟	匙瓣类	匙球型

续表

序号	品种名	类别	类型
168	巾帼须眉	管瓣类	钩环型
169	津滦之光	平瓣类	叠球型
170	锦袍元帅	平瓣类	单瓣型
171	锦绣鸳鸯	平瓣类	芍药型
172	惊艳	平瓣类	叠球型
173	九莲积雪	平瓣类	叠球型
174	鹫峰霁雪	匙瓣类	匙球型
175	菊王	匙瓣类	匙球型
176	君子玉	平瓣类	叠球型
177	孔雀开屏	管瓣类	贯珠型
178	腊金环	平瓣类	翻卷型
179	老僧衣	匙瓣类	匙球型
180	冷艳	畸瓣类	毛刺型
181	礼花	管瓣类	钩环型
182	聊城黄	平瓣类	叠球型
183	流光生辉	管瓣类	飞舞型
184	柳浪银桃	管瓣类	针管型
185	龙蟠蛇舞	管瓣类	钩环型
186	龙吐珠	管瓣类	疏管型
187	芦花月影	管瓣类	管盘型
188	绿朝云	管瓣类	管盘型
189	绿萍	平瓣类	荷花型
190	绿柳垂荫	管瓣类	管盘型
191	绿孔雀	管瓣类	钩环型
192	绿牡丹	平瓣类	芍药型
193	绿水长流	管瓣类	钩环型
194	绿鹦鹉	管瓣类	钩环型
195	绿云	管瓣类	钩环型
196	洛神	管瓣类	飞舞型
197	落霞	平瓣类	叠球型
198	麻姑献寿	畸瓣类	毛刺型
199	麦浪	管瓣类	钩环型
200	梅花鹿	平瓣类	翻卷型
201	美国粉	平瓣类	芍药型
202	米盘托桂	桂瓣类	管桂型
203	米色黄毛	畸瓣类	毛刺型
204	嫩竹玉笋	管瓣类	钩环型
205	鸟语花香	平瓣类	翻卷型
206	泥金套环	管瓣类	飞舞型
207	泥金豹	匙瓣类	匙球型
208	泥金魁	匙瓣类	匙球型
209	泥金球	匙瓣类	匙球型
210	泥金雄狮	匙瓣类	匙球型
211	泥金九连环	管瓣类	钩环型

续表

序号	品种名	类别	类型
212	泥金蝴蝶	管瓣类	翎管型
213	女王冠	匙瓣类	匙球型
214	蟠桃宫	管瓣类	钩环型
215	平沙落雁	匙瓣类	卷散型
216	婆娑怒放	管瓣类	飞舞型
217	麒麟角	匙瓣类	雀舌型
218	千鹤云天	匙瓣类	匙球型
219	千手观音	畸瓣类	龙爪型
220	千丝万缕	管瓣类	针管型
221	青荷显光	匙瓣类	匙球型
222	青鸟	管瓣类	管盘型
223	青山古刹	匙瓣类	匙球型
224	清水荷花	平瓣类	芍药型
225	秋湖观澜	管瓣类	针管型
226	秋节晚红	平瓣类	叠球型
227	秋质花魁	匙瓣类	卷散型
228	曲江春色	匙瓣类	卷散型
229	雀舌托桂	桂瓣类	管桂型
230	染粉翩球	匙瓣类	匙球型
231	人面桃花	平瓣类	叠球型
232	如意金钩	管瓣类	贯珠型
233	瑞云缀宇	匙瓣类	卷散型
234	瑞雪祈年	平瓣类	叠球型
235	蕊珠宫	桂瓣类	管桂型
236	润面含青	平瓣类	叠球型
237	山舞银蛇	匙瓣类	卷散型
238	山峰积雪	匙瓣类	匙球型
239	十八凤环	管瓣类	钩环型
240	十丈竹帘	管瓣类	丝发型
241	石莲吐火	匙瓣类	匙球型
242	试浓妆	管瓣类	钩环型
243	帅旗	平瓣类	单瓣型
244	水晶宫	平瓣类	叠球型
245	丝路花雨	管瓣类	丝发型
246	四十流金	平瓣类	叠球型
247	四季菊	平瓣类	荷花型
248	似花芳菊	管瓣类	管盘型
249	松竹梅	管瓣类	钩环型
250	太液池荷	平瓣类	荷花型
251	太真含笑	匙瓣类	莲座型
252	太真图	匙瓣类	卷散型
253	太真出浴	管瓣类	丝发型
254	檀香钩	管瓣类	钩环型
255	檀香钩环	管瓣类	钩环型

续表

序号	品种名	类别	类型
256	探骊得珠	管瓣类	贯珠型
257	唐宇傲狮	匙瓣类	卷散型
258	唐宇玉容	平瓣类	叠球型
259	唐宇之光	管瓣类	疏管型
260	唐宇仙衣	管瓣类	钩环型
261	唐山粉勾	管瓣类	钩环型
262	桃花冠	管瓣类	飞舞型
263	桃花扇	匙瓣类	匙荷型
264	桃花线	管瓣类	钩环型
265	桃李争艳	管瓣类	贯珠型
266	桃林柳絮	管瓣类	丝发型
267	陶然醉	匙瓣类	卷散型
268	天女的美	管瓣类	钩环型
269	天山王	平瓣类	芍药型
270	天鹅舞	平瓣类	翻卷型
271	天女若松	匙瓣类	匙球型
272	童发姣容	管瓣类	飞舞型
273	晚节吟香	平瓣类	叠球型
274	碗莲	管瓣类	管盘型
275	温玉	平瓣类	叠球型
276	文经武纬	管瓣类	疏管型
277	文苑英华	管瓣类	飞舞型
278	文苑英姿	管瓣类	飞舞型
279	五彩缤纷	管瓣类	管盘型
280	五彩凤	管瓣类	钩环型
281	五彩龙爪	畸瓣类	龙爪型
282	五大洲	管瓣类	疏管型
283	五色芙蓉	畸瓣类	毛刺型
284	武芙蓉	畸瓣类	毛刺型
285	舞影零乱	管瓣类	飞舞型
286	舞影零乱(变)	管瓣类	飞舞型
287	西施晚妆	匙瓣类	卷散型
288	西厢待月(黄西厢)	平瓣类	叠球型
289	西域蛮头	匙瓣类	匙球型
290	细管	管瓣类	管盘型
291	细雨含沙	管瓣类	贯珠型
292	霞光四射	管瓣类	针管型
293	下里巴人(文姬抚琴)	管瓣类	钩环型
294	仙人坠衣	匙瓣类	卷散型
295	香白梨	管瓣类	翎管型
296	香山雏凤	管瓣类	管盘型
297	祥云缀宇	平瓣类	翻卷型
298	小白毛	畸瓣类	毛刺型
299	晓光方罢	匙瓣类	匙球型

续表

序号	品种名	类别	类型
300	笑靥	平瓣类	叠球型
301	辛庵古典	匙瓣类	匙球型
302	新紫飞舞	平瓣类	翻卷型
303	醒狮图	管瓣类	钩环型
304	杏花春雨	管瓣类	飞舞型
305	杏黄色	平瓣类	翻卷型
306	须毛甫	管瓣类	贯珠型
307	旭日	畸瓣类	龙爪型
308	旭桃	平瓣类	叠球型
309	雪梅	匙瓣类	匙球型
310	雪青牡丹	平瓣类	叠球型
311	雪狮披发	管瓣类	钩环型
312	雪涛	平瓣类	叠球型
313	雪艳	管瓣类	管盘型
314	雪照红梅	匙瓣类	匙球型
315	雪罩芙蓉	畸瓣类	毛刺型
316	熏风荷香	平瓣类	荷花型
317	胭脂点雪	平瓣类	平盘型
318	胭脂披霜	平瓣类	翻卷型
319	野马分鬃	管瓣类	飞舞型
320	叶公好龙(米颠送奇)	管瓣类	贯珠型
321	莺歌燕舞	匙瓣类	匙球型
322	一尘不染	管瓣类	飞舞型
323	一支浓艳	管瓣类	钩环型
324	银背粉	平瓣类	翻卷型
325	银装素裹	管瓣类	管盘型
326	银雁	管瓣类	翎管型
327	迎风掸尘	管瓣类	飞舞型
328	永寿墨	平瓣类	翻卷型
329	渔娘蓑衣	管瓣类	飞舞型
330	雨露蟠桃	匙瓣类	匙球型
331	玉凤飘翎	平瓣类	翻卷型
332	玉孔雀	平瓣类	荷花型
333	玉冠黄	匙瓣类	匙球型
334	玉管笛声	管瓣类	针管型
335	玉翎管	管瓣类	翎管型
336	玉龙闹海	管瓣类	钩环型
337	玉楼春	匙瓣类	匙球型
338	玉楼人醉	管瓣类	管盘型
339	玉笙寒	管瓣类	飞舞型
340	玉指调脂	匙瓣类	匙球型
341	鸳鸯荷	平瓣类	翻卷型
342	月明星稀	管瓣类	单管型
343	月之光	平瓣类	翻卷型

续表

序号	品种名	类别	类型
344	越山芽雯	平瓣类	叠球型
345	云霞出海	管瓣类	管盘型
346	昭君出塞	管瓣类	钩环型
347	折缨强楚	管瓣类	贯珠型
348	织女	管瓣类	贯珠型
349	钟声	匙瓣类	匙球型
350	钟震金蟾	匙瓣类	匙球型
351	朱吉在抱	管瓣类	钩环型
352	朱楼万卷	匙瓣类	匙荷型
353	朱砂贯金	管瓣类	疏管型
354	朱砂蝴蝶	管瓣类	管盘型
355	朱砂蛟龙	畸瓣类	龙爪型
356	珠帘垂波	管瓣类	钩环型
357	珠帘飞瀑	管瓣类	贯珠型
358	珠穆云峰	匙瓣类	匙球型
359	追鱼	管瓣类	疏管型
360	紫夔龙	管瓣类	管球型
361	紫龙卧雪	管瓣类	钩环型
362	紫龙献爪	畸瓣类	龙爪型
363	紫罗银星	管瓣类	贯珠型
364	紫牡丹	平瓣类	芍药型
365	紫霞	匙瓣类	匙球型
366	紫玉	匙瓣类	匙球型
367	紫玉钩环	管瓣类	钩环型
368	紫玉龙爪	畸瓣类	龙爪型
369	紫云	平瓣类	叠球型
370	紫墨殿	匙瓣类	卷散型
371	紫飘	管瓣类	飞舞型
372	紫强大	平瓣类	叠球型
373	紫球	平瓣类	叠球型
374	紫蕊宫	桂瓣类	管桂型
375	紫云烟日	平瓣类	叠球型
376	棕掸拂尘	管瓣类	丝发型
377	醉色秋容	匙瓣类	匙球型
378	醉卧湘云	管瓣类	飞舞型
379	醉色芙蓉	平瓣类	叠球型
380	栉风沐雨	管瓣类	丝发型

引进菊花品种名录（按首字拼音排序）　　表附1－2

序号	品种名	序号	品种名	序号	品种名	序号	品种名
381	岸的黄虹	410	国华衲樱	439	兼六香红	468	泉乡柳桥
382	岸的星赤	411	国华浓姬	440	兼六香黄	469	泉乡若水
383	宝辛蓝夕	412	国华强大	441	兼六香紫	470	泉乡水长
384	宝辛依岸锦	413	国华晴天	442	精兴大臣	471	泉乡水龙
385	彩湖的美	414	国华秋夕	443	精兴富贵	472	泉乡亭
386	彩湖红化妆	415	国华染窗	444	精兴黄将军	473	泉乡万圣
387	彩湖青阳	416	国华圣母	445	精兴求情	474	泉乡英阁
388	彩湖时都	417	国华时代	446	精兴佑进	475	泉乡筑船
389	东海花王	418	国华世界	447	久米的美	476	圣光宝船
390	东海锦秋	419	国华势力	448	久米的月	477	圣光花树
391	东海日进	420	国华双鹤	449	久米阁	478	圣光寄托
392	高原彩虹	421	国华万雷	450	久米黄	479	圣光龙峰
393	国华彩云	422	国华鲜舟	451	久米亭	480	圣光秋月
394	国华金创云	423	国华星光	452	久米游	481	圣光桃园
395	国华创云	424	国华星然	453	骏河的大金杯	482	圣光院
396	国华大社	425	国华一天	454	骏河的风土	483	太平的花嫁
397	国华帝都	426	国华英强	455	骏河的金盅	484	太平的金凤
398	国华两千年	427	国华游寄	456	骏河的西风	485	太平的丝竹
399	国华富饶	428	国华游景	457	骏马的君	486	太平的松
400	国华花芬	429	国华玉章	458	骏马的夕日	487	太平的友情
401	国华辉煌	430	国华越域	459	骏马河的白凤	488	太平美曲
402	国华积福	431	国华云母	460	骏马河的酒仙	489	太平真实
403	国华佳子	432	国华之心	461	骏马红梅	490	天平的花嫁
404	国华剑冲天	433	国华祝船	462	骏马神乐	491	天地一色
405	国华金大社	434	国华壮丽(紫)	463	开龙秋风	492	银盘万胜
406	国华金国宝	435	花开茜宫	464	清见的美	493	银世界
407	国华雷云	436	黄创云	465	清见的名曲		
408	国华流美	437	激光	466	清见的天鸟		
409	国华美神	438	兼六香粉	467	清见的星空		

附录2
天坛现保有月季品种名录

国外引进月季品种名录（按英文名字母排序）　表附2－1

序号	中文名	英文名	系统	性状描述	育成年份
1	大教堂玫瑰（修女）	Abbeyfield Rose (COCbrose)	HT	玫瑰红色，高芯翘角	英 1983
2	阿比沙莉卡	Abhisarika	HT	红串黄条，高芯卷边，中型花	印 1977
3	阿卡拍拉	Acapella (TANallepal)	HT	樱桃红色，背银色，高芯卷边	德 1994
4	朱美	Akime	F	深红色，中型花，瓣硬，直立	日 1977
5	阿尔蒂斯（金枝玉叶）	Altesse	HT	玫瑰红色，背奶白色，浓香	法 1950
6	阿尔蒂司75（金枝玉叶75）	Altesse75	HT	白色，镶宽红边，高芯翘角	法 1975
7	至高无上（上帝）	Altissimo (DELmur, Altus)	Cl	鲜红色，大花，单瓣	英 1966
8	天津乙女（天女）	Amatsu Otome	HT	中黄色，高满芯，翘角	日 1960
9	大使	Ambassador (MEInuzeten)	HT	橙红至珊瑚红色，背面黄色，高芯卷边盘状型	法 1979
10	阿班斯	Ambiance (NIRPnufdeu)	HT	黄色，有红边	荷 1995
11	美利坚（美洲、亚美利加）	America (JACclam)	Cl	珊瑚红至朱红色	美 1976
12	接班人(美国遗产、美裔)	American Heritage (LAMlam)	HT	嫩奶黄色，镶红边，高芯翘角	美 1965
13	美国明珠(美国的骄傲)	American Pride (JACared)	HT	深红色，高芯卷边	美 1979
14	天国钟声	Angel Bells (HERmela)	HT	奶白色，红边，高芯卷边，大型	南非 1964
15	天使	Angelique	HT	深朱红色	德 1985
16	安妮·莱茨（凯歌）	Anne Letts	HT	嫩粉红色，银白背，高芯翘角	英 1954
17	安提瓜	Antigua (JACtig)	HT	浅肉粉色背杏黄色，特大型花	美 1972
18	安·里奇（阿汤尼亚）	Antonia Ridge (MEIparadon)	HT	深红色有绒光，高芯卷边，浓香	法 1976

续表

序号	中文名	英文名	系统	性状描述	育成年份
19	钢花(铁钴火花、红黄串)	Anvil Sparks (Ambossfunken)	HT	红色，串黄色条纹，盘状	美 1961
20	阿波罗(太阳神)	Apollo (ARMolo)	HT	黄色，浓香	美 1971
21	杏花蜜	Apricot Nectar	F	浅杏黄色，高芯卷边，中型花	美 1965
22	宝瓶座(宝瓶宫)	Aquarius (ARMaq)	HT	粉红色，有红晕，高芯卷边	美 1971
23	亚利桑那	Arizona	HT	橘红至杏黄色，高芯卷边(AARS 1975)	美 1975
24	朝云	Asagumo	HT	黄色，有细红边，泛红晕	日 1973
25	雅典娜	Athena (RuhKOR)	HT	白色，大型花	德 1982
26	巴希亚	Bahia	F	橘红色，白背，高芯卷边	美 1974
27	白家佐(白佳人、雪地红、白茄素、红装素裹)	Bajazzo	HT	鲜红色，白背，大花，盘状形	德 1961
28	契约(黄债券)	Basildon Bond (HARjosine)	HT	深杏黄色	英 1980
29	贝拉米	Belami (KORprill, KORhanbu)	HT	粉红色，大型花，高芯卷边，直立	德 1985
30	柏林	Berlin	S	深红色，高满芯	德 1949
31	杏花村	Betty Prior	F	深粉红色，盘状，多花强健，我国丰花月季主栽品种	西 1935
32	大紫光	Big purples	HT	深蓝紫色，浓香	新 1986
33	歌星(平·克劳斯贝)	Bing Crosby	HT	朱红色，秋季色深呈深朱红色	美 1980
34	黑魔术	Black Magic (TANkalgic)	HT	黑红色，切花品种	德 1997
35	红茶(黑茶)	Black Tea	HT	花色为奇异的褐红色、红茶色，高芯盘状形	日 1973
36	蓝月(蓝月亮、朦胧月、茜茜公主)	Blue Moon (TANnacht, TANsi, Sissi, BlueMonday, Mainzer Fastnacht)	HT	淡蓝紫色，背近乳白色，高芯卷边	德 1965
37	蓝香(蓝巴芬)	Blue Parfum (TANfifum, Blue Perfume, TANifume, TANtifum)	HT	蓝紫色，晒后加深，高芯卷边，浓香	德 1979
38	蓝丝带	Blue Ribbon (AROlical)	HT	浅蓝紫色	美 1984
39	晚安	Bonne Nuit	HT	黑红色，有绒光，高芯翘角，浓香	法 1956
40	白兰地	Brandy (AROcad)	HT	橙黄色，背肉红色，高芯盘状，大花	美 1981
41	百老汇	Broadway (BURway)	HT	黄镶红边，盘状至杯状，浓香	美 1983
42	妖仆(棕仙、小妖童、小伙伴)	Brownie	F	棕红色，黄背	美 1959

续表

序号	中文名	英文名	系统	性状描述	育成年份
43	海盗(别可尼、雄狮)	Buccaneer	HT	金黄色，高满芯	美 1952
44	糖果条	Candy Stripe	HT	深粉红色，串白条纹，“粉和平”之芽变种	英 1960
45	梅朗随想曲	Caprice de Meilland	HT	红色花，白背，高芯卷边	法 1984
46	糖花条(大花脸、抓破脸)	Careless Love	HT	桃红色，有白斑，偶有白瓣，系“日辉”芽变	英 1955
47	卡纳维尔	Carnaval (KORfrilla,Carnival)	F	白色，有红边	德 1986
48	白卡片(卡·布兰奇)	Carte Blanche	HT	纯白色	法 1970
49	卡·格兰特	Cary Grant	HT	朱红混色，瓣基较浅，高芯卷边	法 1987
50	大教堂	Cathedral (Houston, Coventry Cathedral)	F	金杏黄至橙红色，高芯卷边	英 1976
51	查可克(却可克)	Chacok (MEIcloux, Fakir, Pigalle, Pigalle 84, Jubillee150)	HT	黄色，日晒后转鲜红晕	法 1984
52	香槟酒	Champagner (KORampa, Antique Silk, Kordes’ Rose Champagner)	F	乳白色，带微黄，中型花	德 1983
53	冠军	Champion	HT	浅黄色，有红晕，高满芯	英 1977
54	戴高乐	Charles de Gaulle (MEIlanein , Katherine ansfild)	HT	浅蓝紫色，高芯翘角，浓香	法 1975
55	樱桃白兰地	Cherry Brandy	HT	橘红色，带大红色，微卷边	德 1965
56	芝加哥和平(艳和平、三色和平)	Chicago Peace (JOHnago)	HT	粉红、橘黄混色，高芯卷边，“和平”芽变	美 1962
57	中国城(唐人街)	Chinatown (Ville de Chine)	F	深黄色，有粉红晕，浓香	美 1963
58	马戏团(西尔克司、马戏班)	Circus	HT	黄色，晒后有粉红至鲜红色的晕	美1955
59	可可体(可可迪、风流女郎、法国名妓)	Cocotte	HT	淡黄褐色，晒后变深	法 1958
60	歌林娇红	Colin Kelly	HT	粉红至红色，大型花	1945
61	异彩(幻彩、幻色、变色魔术、色魔王)	Color Magic (JACmag)	HT	淡粉红色，晒后有红晕，盘状，花巨大	美 1978
62	立体色(彩光)	Colorama (MEIrigalu, Colourama, Dr R. Maag)	HT	红色，奶黄背，高芯翘角	法 1968
63	冠群芳(乱世佳人、青春、春之恋)	Comtesse Vandal (Comtesse Vandale, Countess Vandal)	HT	粉红至朱红色，背铜粉色	美 1932
64	金背大红(萨司太古)	Condesa de Sastago	HT	鲜红色，黄背，盘状	西 1933
65	信用(友谊)	Confidence	HT	粉红、淡黄变色	法 1951
66	铜花瓶	Copper Pot (DICpe)	F	铜黄色，背深	英 1968
67	日冕	Coronado	HT	桃红色，黄背	法 1961

续表

序号	中文名	英文名	系统	性状描述	育成年份
68	墨红(朱墨双辉、香紫、深红光荣)	Crimson Glory	HT	墨红色，有绒光，瓣色由红变成墨红色，高芯盘状，浓香	德 1935
69	月亮女神	Cynthia (WARdrosa, Chanterelle)	HT	深粉红色，高芯卷边，花型优美，浓香	美 1975
70	天天看(独秀、素描、农村姑娘)	Daily Sketch (MACal)	HT	乳白色，桃红边，圆瓣，满芯	英 1960
71	从中笑(意中夫人、圣母的心)	Dame de Coeur (Dama)	HT	大红色，圆瓣	比 1958
72	情人	Darling (SUNcredel, Cream Delight)	HT	淡粉红色，“Sonia”芽变，切花品种	新 1983
73	念奴娇	Dearest	F	浅桃红色，高芯卷边	英 1960
74	奥秘(黑天鹅)	Deep Secret (Mildred Sched)	HT	深红色	德 1976
75	天鹅黄(春不老)	Diamond Jubilee (1948 AARS)	HT	淡橙黄色，瓣背色深，高芯卷边	美 1947
76	世界	Die Welt (DieKOR, The World)	HT	黄色，有朱红晕，高芯卷边	德 1976
77	迪斯科	Disco	HT	红色，背乳白色	英 1980
78	金背朱红(万老爷、万能博士)	Docteur Valois	HT	朱红色，黄背，圆瓣，高芯盘状	法 1949
79	红双喜(郁香国色、兼美)	Double Delight (ANDeli)	HT	奶白色，晒后有鲜红晕，高芯卷边，浓香	美 1977
80	二重奏(二部曲、双虹)	Duet	HT	粉红色	美 1950
81	香云	Duftwolke (TANellis, Fragrant, Cloud, Nuage Parfume)	HT	珊瑚朱红色，高芯卷边杯状，浓香	德 1963
82	日蚀	Eclipse	HT	金黄色	美 1935
83	乐园(玫瑰乐园、伊甸罗司)	Eden Rose	HT	浓桃红色，有银光，高满芯翘角，浓香	法 1950
84	藤乐园	Eden Rose Climbing	Cl	藤本状，其他性状同“乐园”	法 1962
85	巴黎铁塔(埃菲尔铁塔)	Eiffel Tower (Eiffelturm,Tour Eiffel)	HT	粉红色，浓香，直立高大	美 1963
86	荣光	Eiko	HT	黄转红色，圆瓣盘状	日 1978
87	埃斯米拉达	Esmeralda	HT	鲜玫瑰红色，高芯卷边，花型优美	德 1980
88	晚星(黄昏星)	Evening Star (JACven)	F	纯白色，高满芯	美 1974
89	魅力	Fascination	HT	粉红色，有橘红晕，满芯	美 1982
90	火王(火星、火神)	Fire King (MELKANS)	F	橘红色，中型花，瓣硬，抗热耐晒	法 1958
91	一等奖(头奖、桂冠)	First Prize	HT	粉红色，背深，晒后有红晕，花型优美，大型花	美 1970

续表

序号	中文名	英文名	系统	性状描述	育成年份
92	晚霞	Flaming Sunset	HT	深橘红色	美 1948
93	卖花女(卖花姑娘)	Flower Girl (Sea Pearl)	HT	粉红、淡橘红混色，高芯卷边	英 1964
94	民俗(福克罗)	Folklore (KORlore)	HT	橙、红复色	德 1977
95	复丹(淘金者、49号、金红交辉、福丹尼娜)	Forty-Niner	HT	大红至黄混色，黄背，半翘角	美 1949
96	法国花边	Franch Lace (JAClace)	F	象牙白色，圆瓣，盘状	美 1982
97	洛神(弗利特·爱登、沁园春)	Fred Edmunds (L’Arlesienne)	HT	橘黄混色	法 1943
98	友谊	Friendship (LINrick)	HT	粉红色，高芯卷边，花型优美	美 1979
99	弗罗胜82	Frohsinu’82 (TANsinnroh, Joyfulness)	HT	橙黄有柔和的朱红边	德 1984
100	电钟(电子表)	Funkuhr (KORport, Golden Summers, Laser Beam)	HT	黄色，有红晕，高芯盘状	德 1984
101	福多拉	Futura	HT	朱红色，圆瓣，盘状	美 1975
102	加里娃达	Gallivarda (Galsar)	HT	鲜红色，背黄	德 1977
103	游园会(花园伴侣、舞会、格登派对)	Garden Party	HT	奶黄色，淡红晕，高芯卷边杯状，花巨大	美 1958
104	吉·皮考特(代理商)	Gilbert Becaud (MEIridorio)	HT	浅橙色，非常鲜艳，高芯卷边	法 1980
105	霞光夕照(晴霞、夕照)	Gloaming	HT	褐黄色，近粉红色，高芯	美 1935
106	金杯	Gold Cup (Coupe d’Or)	HT	金黄色，高芯卷边	美 1957
107	金奖章	Gold Medal (AROyqueli)	HT	橙黄色，有红晕，高芯卷边	美 1982
108	金徽章	Golden Emblem (JACgold)	HT	金黄色，高芯卷边，切花品种	美 1982
109	金门	Golden Gate	HT	黄色，高芯卷边	美 1975
110	金牌	Golden Medallion (KORikon, Limelight)	HT	鲜黄色，高芯卷边	美 1977
111	金凤凰(金笏)	Golden Scepter (Spek’s Yellow)	HT	金黄色，高满芯	荷 1947
112	金玛丽82(金钱82、金玛丽)	Goldmarie 82 (KORfalt, Goldmarie, Goldmarie Nirp)	F	橙黄色，有红晕，中型花	德 1984
113	金星	Goldstar (CANdide,Point duJour, Goldina,Gold Star)	HT	深黄色	英 1983
114	伟大格兰那大	Granada (Donatella)	HT	红、黄混色，浓香	美 1964
115	大杰作	Grand Masterpiece (JACpie)	HT	红色，高芯卷边，直立高大	美 1981

续表

序号	中文名	英文名	系统	性状描述	育成年份
116	绿袖子(绿袖)	Greensleeves (HARlenten)	F	浅粉转豆绿，盘状，耐开	英 1980
117	吉卜赛	Gypsy	HT	橘红-朱红色，高芯卷边	美 1972
118	花车	Hanaguruma	HT	乳黄色，桃红边，高满芯	日 1984
119	名角	Headliner (JACtu)	HT	白色，晒后有红晕，高芯卷边	美 1985
120	传家宝	Heirloom (JACloom)	HT	淡紫色，高芯，圆瓣，盘状	美 1971
121	绯扇	Hiohgi	HT	朱红色背深，高芯盘状，大型花	日 1982
122	芳纯	Hojun	HT	粉红色，高芯卷边，浓香	日 1981
123	北斗	Hokuto	HT	黄色，粉红边	日 1979
124	荷兰黄金	Holland Gold	—	黄色	—
125	荣誉(光荣)	Honor (JACOlite，Honour, Michele Torr)	HT	白色、心泛红，高芯卷边	美 1979
126	冰山(依斯贝尔)	Iceberg	F	花白色，晒后有红点，勤花群开，不留残瓣，抗病力强	德 1958
127	独立	Independence (Geranium, Kordes' Sondermeldung, Reina Elisenda, Sondermeldung)	F	橘红色	德 1951
128	稻田	Ineda	HT	黄色泛红，高芯卷边	日 1971
129	引人入胜(阴谋、诡计)	Intrigue (JACum)	F	蓝紫红色，高芯，盘状	美 1984
130	奥的斯(六月雪、双色锦)	Isabel de Ortiz (Isabel Ortiz)	HT	粉红色，奶白背，高芯翘角	德 1962
131	红露(杰·阿姆斯曲朗)	John S· Armstroing	HT	深红色	美 1961
132	袭丽夫人	Jolie Madame	HT	珊瑚红色，圆瓣	法 1958
133	求诺(朱诺、天后)	Juno	HT	淡桃红色，高满芯	美 1950
134	巧合(杰·乔伊)	Just Joey	HT	橙红色，背橘红色，花大型	美 1972
135	篝火(卡轧里比)	Kagaribi	HT	红色，洒黄色条纹，黄背	日 1970
136	光辉(辉煌)	Kagayaki (Brilliant Light)	HT	大红色，金背，盘状	日 1969
137	翰钱	Kanegem	F	橘红色，高芯卷边	比 1982
138	红衣主教	Kardinal (KORlingo, Kordes' Rose Kardinal, Kardinal 85)	HT	鲜红色，高芯卷边，花型优美，花瓣硬，耐开	德 1986
139	希望	Kibo	HT	鲜红色，背黄色	日 1986
140	金阁	Kin Kaku	HT	金黄色，满芯	日 1975

续表

序号	中文名	英文名	系统	性状描述	育成年份
141	康拉德·亨克尔	Konrad Henkel (KORjet, Avenue' s Red)	HT	红色，高芯翘角	法 1966
142	新十全十美(锦上添花)	Kordes' Perfecta Superior (Perfecta Superior)	HT	桃红色，转青莲色，高芯翘角，满芯，浓香	德 1963
143	十全十美	Kordes' Perfecta (KORalu, Perfecta)	HT	奶白色，镶红边，高芯翘角，满芯，浓香	德 1957
144	光彩	Kosai (Mikado, Kohsai)	HT	亮红色，瓣基黄色，高芯卷边	日 1988
145	古龙(老开、火和平)	Kronenbourg (MACbo)	HT	大红色，金背，高芯卷边	英 1965
146	爱尔琴女士(爱尔琴夫人)	Lady Elgin (MEImaj, Thais)	HT	深橙黄色，高满芯	法 1954
147	自由女士	Lady Liberty	HT	白色，瓣基黄色，高芯卷边	美 1986
148	梅朗夫人	Lady Meilland (MEIalzonite)	HT	橙红色	法 1983
149	月季夫人(玫瑰夫人)	Lady Rose (KORlady, Kordes' Rose Lady Rose)	HT	橘红色，高芯卷边，杯状	德 1980
150	维拉夫人	Lady Vera	HT	粉红色，背深，高芯翘角，满芯	澳 1974
151	爱克斯夫人(X夫人)	Lady X (MEIfigu)	HT	淡蓝紫色，高芯翘角，浓香，直立高大	法 1965
152	伦多拉(圣勃朗斯、太阳祝福)	Landora (Sunblest)	HT	金黄色，高芯卷边，大型花	德 1970
153	赌城(拉斯维加斯)	Las Vegas (KORgane)	HT	橘红色，金背，高芯卷边，色彩艳丽	德 1982
154	黑火山	Lavaglut (KORlech, Intrigue, Lavaglow)	F	黑红色	德 1978
155	姹紫(拉文特雀姆)	Lavender Charm	HT	淡蓝紫色，有红晕，高满芯，浓香	美 1960
156	自由之钟	Liberty Bell (Freiheitsglocke)	HT	大红色，白背，高满芯，花巨大	德 1963
157	罗利达	Lolita (KORlita, LitaKOR)	HT	深黄色，有红晕	德 1972
158	金路易(路易斯·芬尼)	Louis de Funes (MEIrestif, Charleston 88)	HT	橘红色，高芯卷边	法 1984
159	爱	Love (JACtwin)	HT	红色，白背，高芯卷边	美 1980
160	幽会(情侣约会)	Lovers' Meeting	HT	朱红色，高芯卷边	美 1980
161	露世美(罗西克雷风)	Lucy Cramphorn (Maryse Kriloff)	HT	朱红色，高芯翘角，杯状	法 1960
162	活泼(快乐仙、拉希)	Lustige (LuKOR，Jolly)	HT	朱红至红色，黄背，高芯卷边	德 1973
163	马德拉斯	Madras	HT	玫瑰红色，白背，高芯卷边，杯状	美 1981

续表

序号	中文名	英文名	系统	性状描述	育成年份
164	艺术大师	Maestro (MACkinju, MACinju)	HT	深红色，背较浅	新 1981
165	马农·梅朗	Manou Meilland (MEItulimon)	HT	深玫瑰红色，高芯卷边	法 1979
166	玛·卡拉斯(全美小姐)	Maria Callas (MEIdaud, All-American Beauty)	HT	鲜玫瑰红色背浅，高芯卷边，满芯	法 1965
167	玛希娜	Marina (RinaKOR)	HT	橙黄色，高满芯	德 1974
168	玛希娜81	Marina (RinaKOR81)	HT	橙色，高满芯	法 1981
169	马克·沙文(马克、向阳、银色信号)	Mark Sullivan	HT	淡橙色，有细红纹，高满芯	法 1942
170	吉祥(马斯可提)	Mascotte’77 (MEItiloly)	HT	黄色，宽红边，黄背，高芯卷边、杯状型	法 1977
171	斗牛士	Matador (Esther Ofarim, Esther Ofarim, Esther O’Farim)	F	鲜橘红色，黄背，高芯卷边	德 1972
172	大奖章	Medallion	HT	淡黄至杏黄色，特大花	美 1973
173	地中海(海天霞)	Mediterranea	HT	淡黄色，串红条	西 1943
174	美达斯	Meduse (GAUtara, GAUdengi)	HT	蓝紫红色，中等香	法 1981
175	女神	Megami女神	HT	肉粉红色，高芯卷边	日 1973
176	美林达	Melinda (Rulimpa, Impala)	HT	桃红色，黄背，盘状形	荷 1982
177	曼目林(纪念)	Memoriam	HT	淡粉红色，转乳白色，高满芯	美 1961
178	小假面舞会(婴儿、婴儿化妆舞会、小五彩缤纷)	Min Baby Masquerade	HT	初放时深黄色，日晒后黄色变浅，而又日益加深的红晕，被面乳黄色，翘角盘状型。花3～5cm	德 1956
179	小步舞曲	Minuette (Laminuette)	F	浅粉红色，细红边，晒后泛红	美 1969
180	墨绒(墨龙、紫黑玉、香紫玉、米兰地)	Mirandy	HT	黑红色，大花，浓香	美 1945
181	米兰妮	Miranie	HT	肉粉红色，有红边	—
182	米拉托	Mirato (TANotari)	S	桃红色	德 1990
183	林肯先生	Mister Lincoln	HT	深红色，带紫红纹，浓香	美 1964
184	立康尼夫人(艳阳天)	Mme leon Cuny	HT	大红和乳白混色，白背，高满芯	法 1955
185	沙西夫人	Mme Sachi	HT	白色，高芯卷边	法 1984
186	现代艺术	Modern Act (POUlart, Prince de Monaco)	HT	鲜红背白色，边缘黑红色，高芯卷边	丹 1985
187	我亲爱的(我爱、蒙却利)	Mon Cheri (AROcher)	HT	粉紫色，深粉背，高满芯	美 1982

续表

序号	中文名	英文名	系统	性状描述	育成年份
188	摩尼卡	Monica (TANaknom, TANakinom, Monika)	F	橘黄色，高芯卷边，中大型花，温室切花品种	德 1985
189	蒙特卡罗(夜总会、锦绣、金绣、不夜城)	Monte Carlo	HT	橘黄色，红边，高芯卷边	法 1949
190	蒙特秀马(杏醉、秀娃)	Montezuma	HT	橙红色	美 1955
191	蒙特利尔	Montreal (GAUzeca, GAUseca)	HT	乳黄色，有粉红晕，高芯卷边	法 1980
192	白雪山(雪峰)	Mount Shasta	HT	白带绿光，高芯卷边	美 1962
193	桃花面	Mrs Charles Bell (Mrs C.J.Bell, Salmon Radiance, Shell-Pink Radiance)	HT	贝壳粉红色“Red Radiance”芽变品种	美 1917
194	我的选择(我爱、如愿)	My Choice	HT	淡桃红色，淡黄背，浓香	英 1958
195	新歌舞剧(新舞蹈)	Neue Revue (KORrev, News Review)	HT	乳白色，黄芯红边	德 1962
196	新万福玛利亚	New Ave Maria	HT	珊瑚红色，高芯卷边	德 1983
197	新货郎(新保尔、新及笄年华)	New Premier Bal	HT	白色，镶细红边，高芯卷边浓香	法 1955
198	尼克尔	Nicole (KORicole)	F	白色，有粉边	德 1985
199	斑枥岩	Norita (COMsor, Norita-Schwarze Rose)	HT	黑红色，高芯卷边	英 1971
200	北极光	Northern Lights	HT	柠檬黄至乳黄色，有粉红晕	英 1971
201	王朝	Ocho	HT	橙黄至橙红色	日 1983
202	俄克拉荷马	Oklahoma	HT	黑红色，有绒光，高芯盘状，浓香，直立高大	美 1964
203	老寿星(老年人)	Oldtime (KORol, OldTime, Coppertone)	HT	橙色，大型花，高芯卷边	德 1969
204	奥林匹亚(奥运会)	Olympiad (MACauck, Olympoide)	HT	鲜红色有绒光，高芯卷边，抗病力强	新 1984
205	圣火(奥林匹克火炬)	Olympic Torch (Seika)	HT	白色，镶深红阔边	日 1966
206	歌剧(奥匹拉)	Opera	HT	淡橙至朱红色，黄至绯红背	法 1949
207	橘红绸	Orange Silk	F	橘红至朱红色	新 1968
208	俄州黄金(黄金矿)	Oregold (Miss Harp)	HT	深黄色，高芯大型花	德 1975
209	奥西利亚	Osiria	HT	鲜红色，有绒光，白背，高芯卷边杯状	德 1975
210	天堂(世外桃源)	Paradise (WEZeip, WEZip, Burning Sky)	HT	蓝紫色，紫红晕，高芯卷边	英 1979
211	停车场	Park Place (AROcruby)	F	乳白色，泛红色	美 1987

续表

序号	中文名	英文名	系统	性状描述	育成年份
212	和平(爱梅夫人)	Peace (Mme. A. Meilland, Gioia, Gioia Dei)	HT	淡黄色，有红晕，高芯卷边，强健	法 1945
213	藤和平	Peace Climbing	Cl	藤本，一季开花，其他性状同“和平”	德 1951
214	甜桃(基非)	Peach Melba (KORita, Gitte)	HT	橙红色，高芯卷边	德 1978
215	漂多斯	Peaudouce (DICjana, Elina)	HT	淡黄色，略带绿，花巨大	英 1983
216	红金	Pedgold (Di cor)	—	—	—
217	昆特	Peer Gynt (KORol)	HT	浅黄色，晒后有红晕	德 1968
218	香欢喜	Perfume Delight	HT	玫瑰红色，高芯翘角，香	美 1974
219	莱茵黄金(法尔茨黄金、金色法尔茨)	Pfalzer Gold (TANalzergo)	HT	黄色，初放带绿，高芯卷边	德 1981
220	法老(古埃及王)	Pharaon (Pharaoh,MEIfiga)	HT	鲜红色，有绒光，高芯卷边	法 1967
221	粉豹(亚琛教堂)	Pink Panther (MEIcapinal, Aachener Dom, Panthere Rose)	HT	粉红色，植株强健	法 1981
222	粉和平(粉红和平、红和平、桃红和平)	Pink Peace (MEIbil)	HT	粉红色，高芯盘状，强健，多花	法 1959
223	肖像(照相)	Portrait (MEYpink, Stephanie de Monco)	HT	粉红色，晒后有红晕，高芯卷边	美 1971
224	白金(珍贵的白金)	Precious Platinum	HT	鲜红色，高满芯	美 1974
225	货郎(及笄年华)	Premier Bal	HT	白色，镶红边，高芯翘角，浓香	法 1950
226	坎特公主	Princess Michael of Kent (HARlightly)	F	黄色，高芯卷边	英 1981
227	清子公主	Princess Sayako	HT	珊瑚粉红色，高芯翘角	法 1982
228	摩纳哥公主	Princesse de Monaco (MEImagarmic, Grace Kelly, Preference, Princess of Monaco, Princess Grace)	HT	乳白宽粉边，高芯卷边杯状，色彩艳丽，花型优美	法 1982
229	春金(春、春光美)	Printemps	HT	桃红、黄复色	法 1948
230	纯洁(纯朴)	Pristine (JACpico)	HT	浅粉转白，大型花，花后不留残瓣	美 1979
231	五彩缤纷	Profusion Color	HT	复色	—
232	杰出(橘魁)	Prominent (KORp)	F	橘红至朱红色，高芯翘角	德 1971
233	似锦(允诺、希望)	Promise (JACis, Poesie)	HT	淡粉红色，高满芯，翘角	美 1976
234	伊丽莎白女王(粉后、粉红女皇)	Queen Elizabeth (Queen of England, The Queen Elizabeth)	HT	粉红色，卷边，开放后呈盘状	美 1954
235	红魔王	Red Devil (DICam, Coeurd’Amour)	HT	红色，瓣背较浅，高满芯	英 1967

续表

序号	中文名	英文名	系统	性状描述	育成年份
236	深日辉	Red Radiance	HT	深粉红色，浓香，“Radiance”(日辉)芽变品种	美 1916
237	不路干特	Rose Blugant	HT	深红色，有绒光，高芯卷边	法 1971
238	奇异玫瑰(高佳玫瑰、奇瑰、罗司克佳)	Rose Gaujard (GAUmo)	HT	玫瑰红色，银白背，高芯卷边，杯状	法 1958
239	梅朗口红(罗琪·梅朗)	Rouge Meilland (MEImalyna, New Rouge Meilland)	HT	深红色大花，高芯卷边杯状，抗热耐开	法 1983
240	伦巴	Rumba	F	橘黄变红色	丹 1958
241	沙不灵娜	Sabrina	HT	深红色，橘黄背，浓香	法 1960
242	彩云	Saiun	HT	深粉至橙红色，黄背	日 1980
243	萨曼莎（萨门萨）	Samantha (JACmanthe, JACanth)	HT	深红色，有绒光，高芯卷边	美 1974
244	桑德拉	Sandra (SandKOR)	HT	朱红色，高芯卷边，切花品种	德 1981
245	赞歌	Sanka	HT	珊瑚红至朱红色，高芯卷边	日 1986
246	曼海姆宫殿(曼海姆)	Schloss Mannheim (KORschloss)	F	深朱红至红色，圆瓣，半露芯	德 1975
247	海贝壳(海螺)	Seashell	HT	珊瑚红色，有红晕，高芯卷边	德 1976
248	清凉殿	Seiryden	HT	白色，有粉红晕，高芯卷边	日 1961
249	赤阳	Seki-Yoh	HT	鲜朱红色，心呈球状	日 1975
250	希拉之香	Sheila’s Perfume (HARsherry)	F	淡黄色，镶玫瑰红边，高芯卷边，浓香	英 1985
251	新星	Shinsei	HT	黄色，高芯卷边	日 1978
252	紫云	Shiun	HT	蓝紫红色，高芯卷边	日 1984
253	秋月	Shugetsu	HT	深黄色，高芯翘角	日 1983
254	朱王	Shuo	HT	鲜朱红色，有绒光，高满芯	日 1983
255	剪影	Silhouette (Silver Medal)	HT	象牙白色，高芯翘角	美 1980
256	赛维亚(息尔法)	Silva (MELcham)	HT	粉红、橙黄复色，高芯卷边	法 1964
257	新雪	Sinsetsu (Fresh snow)	HT	纯白色，中心乳黄色	日 1972
258	温柔的天鹅绒	Smooth Velvet	HT	深红色，无刺品种	美 1986
259	索力多	Solidor (MEIfarent)	HT	黄色	法 1986
260	宝石戒指	Solitaire (MACyefre, Chartreuse)	HT	黄色，有粉红晕，背黄色，杯状	新 1987

续表

序号	中文名	英文名	系统	性状描述	育成年份
261	巴黎之歌	Song of Paris (Saphir)	HT	淡蓝紫色，高芯，长圆瓣	法 1964
262	南美桑巴舞	South America Samba	—	—	—
263	南海	South Seas (Mers du Sud)	HT	粉红色，晒后有红晕，大型花	美 1965
264	勇敢	Spartan (Aparte)	F	淡橙色	美 1955
265	春田	Springfields (DICband)	HT	橘黄色	英 1978
266	花边草帽(草莓旋涡)	Strawberry Swirl	Min	红、白色串条	美 1978
267	暑假	Summer Holiday	HT	朱红色，高芯卷边	美 1968
268	新太阳光波	Sunbeam (KORdoselbla)	HT	杏黄变色，高芯卷边，切花品种	德 1987
269	太阳光波	Sunbeam (Margo Koster)	Pol	橘红变色	1931
270	游民	Sundowner	HT	橙色，浓香，强健	新 1978
271	太阳仙子(太阳妖精、太阳精灵)	Sunsprite (KORresia, Friesia)	F	鲜黄色，中型花	德 1973
272	明星(超级明星、高星、超星、沙拨丝带、热带风光)	Super Star (TANorstar, Tropicana)	HT	银朱红色，明亮鲜艳，高芯卷边	德 1960
273	海霞(苏珊·玛秀、大马戏团、亚利桑那、亚历山大)	Susan Massu (KORad,Susan)	HT	淡黄色，日晒后有橘红至鲜红的晕，高芯卷边	德 1970
274	苏丹黄金(金光大道)	Sutter' s Gold	HT	淡黄色，带褐黄色，泛粉红色，大型满芯，浓香	美 1950
275	坦皮科	Tampico	HT	肉粉红色，卷边，满芯	美 1976
276	丹顶	Tancho	HT	白色，有红晕，高芯卷边杯状	日 1986
277	太克人(丹霞)	Texan (The Texan)	F	深玫瑰红至红色	美 1956
278	坦尼克	Tineke	HT	白色，高芯卷边，切花品种	荷 1989
279	优雅	Touch of Class (KRIcarlo, Marachal Le Clerc, Marechal le Clerc)	HT	粉红至珊瑚红色，高芯卷边杯状	法 1985
280	宴	Utage	HT	大红色，晒后变深，盘状花型	日 1979
281	瓦伦西亚(巴伦西亚)	Valencia (KOReklia, Valencia 89, Valeccia, New Valencia)	HT	杏红变色，高芯卷边，浓香	德 1989
282	百花俱乐部	Variety Club	F	黄白色，变红黄色	英 1965
283	雨果	Victor Hugo (MEIvestal, Dreams Come True, Senator, Burda , Spirit of Youth)	HT	深红色，大花，高芯卷边，浓香	法 1985

续表

序号	中文名	英文名	系统	性状描述	育成年份
284	古城风光(维也纳风光、维也纳雀姆)	Vienna Charm (KORschaprat)	HT	橙色，宽瓣，满芯，直立	德 1963
285	伏都教	Voodoo (AROmiclea)	HT	橘黄色，泛橙红晕，背乳白，杯状	美 1986
286	娃哈哈	Waiheke (MACwaike, Waikiki)	HT	珊瑚粉红色	新 1986
287	白圣诞	White Christmas	HT	乳白色，浓香	美 1953
288	白骑士(白衣勇士、好消息、佳音)	White Knight (Meban, Message)	HT	白色泛绿光，高芯卷边	法 1956
289	白闪电(白电光)	White Lightnin' (AROwhif)	F	纯白色，中型花	美 1979
290	白杰作(第一白、白极品、白和平)	White Masterpiece (JACmas)	HT	白色，花荷花型，叶有光泽高满芯	美 1971
291	白天鹅	White Swan (Cygne Blanc)	HT	白色带奶黄，高满芯	荷 1951
292	唯米	Wimi (TANrowisa)	HT	粉红色，有桃红边，浓香，高芯卷边	德 1982
293	世界红(华尔兹法)	World's Fair (Minna Kordes)	F	黑红色，高满芯	德 1938
294	亚利克红	Yalike Red	HT	红色	—
295	杨基歌	Yankee Doodle (YanKOR)	HT	橙红、黄混色	德 1976
296	约克夏银行(约克夏海岸)	Yorkshire Bank (RUTrulo, True Love)	HT	纯白色，香	荷 1979
297	年轻皇后	Young Queen	HT	金黄色，泛红色，高芯卷边	英 1975
298	夕雾	Yugiri	HT	乳白、粉红色	日 1987
299	友禅	Yuzen	HT	深粉红色，有红晕，高满芯	日 1983

中国月季品种名录(按首字拼音排序)　　表附2－2

序号	中文名	系统	性状描述	培育者及培育年份
300	奥运之光	HT	花基调黄色，间有深浅不同、宽窄不等的红色条纹	天坛 2004
301	春满园	HT	花玫瑰红，瓣背泛白，高芯卷边	李鸿权 1983
302	大绿洲	HT	花呈黄粉色转豆绿色	天坛 1978
303	大力士	HT	粉白色，边缘色深	天坛 1978
304	粉扇	HT	花粉色，花径16～18 cm，刺少	赵国有 1999
305	富贵	HT	花玫瑰红至橘红色	天坛 1988
306	哈雷彗星	HT	金黄色转红色	中国农科院 1984
307	和平之神	HT	花瓣黄色，瓣边有红晕	天坛 2004
308	黑旋风	HT	黑红色	浙江杭州花圃 1962
309	金光万道	HT	粉红色，有鲜红条纹，背黄色	北京陶然亭公园 1982
310	金虎	HT	花黄色，有红晕，花径10～12cm	李鸿权 1982
311	金如意	HT	花黄色，日晒后出现红晕	李鸿权 1983
312	凯歌嘹亮	HT	花浅粉色，芯瓣较深，初开外瓣边微绿	天坛 1995
313	礼花	HT	白色	农科院 1980
314	绿星	HT	浅豆绿色，耐开	黄善武 1990
315	绿野	HT	花浅黄色转浅绿，盘状，耐开	黄善武 1982
316	绿云	HT	华白色，边缘泛淡绿色，高芯卷边，杯状	宗荣林 1979
317	玫香	HT	花玫瑰红色	天坛 1988
318	南海浪花	HT	花玫红色，有白条纹	黄善武 1982
319	青春	HT	花粉红色，高芯卷边	李鸿权 1983
320	荣华	HT	花肉粉色	天坛 1988
321	天坛荣光	HT	花黄色，瓣边粉红、串黄、白条纹	天坛 2004
322	喜上眉梢	HT	白色花瓣，边缘有宽窄不等的红晕，后期逐渐变深	天坛 1999
323	霞辉	HT	花橙粉色有红晕	天坛 1988
324	雪莲	HT	花白色，初放时略带粉红色，晕边	天坛 1978
325	怡红院	HT	黄色，有宽桃红边，背金黄色	李鸿权 1986
326	战地黄花	HT	黄色，花径12cm	浙江杭州花圃 1978
327	珍珠	HT	灰白色，花径约10cm	上海周圣希 1982

参考文献

[1] 北京志(天坛志)[M]. 北京出版社, 2006.
[2] 刘德明, 李鹏翔.菊花和月季被西方各国引种栽培史[J]. 生物学教学, 2003, 28(2).
[3] 张荣东. 中国古代菊花的命名与菊事活动考[J]. 大庆师范学院学报. 2010, 30(4).
[4] 毛静, 杨彦伶, 王彩云.中国传统菊花造型发展、艺术特色及其鉴赏. 南京林业大学学报（人文社会科学版), 2006, 6(4).
[5] 北海公园管理处.北京栽培菊花的历史[M]. 中国计量出版社, 1999.
[6] 薛守纪. 中国菊花图谱[M]. 中国农业出版社, 2004.
[7] 段东泰, 高全荣. 菊花鉴赏与培育[M]. 中国农业出版社, 2002.
[8] 张鹏飞. 论中国菊花文化传统情节的审美情趣. 北方园艺, 2009（1）：137-140.
[9] 张荣东. 古代菊花文化研究[D]. 南京师范大学博士学位论文2008.
[10] 赵双. 中国古老月季的价值[J]. 湖南林业, 2009, (4).
[11] 靳术金, 姜秀玲, 李文凯, 李连红. 天坛月季园: 强化应用与文化功能[J]. 中国花卉园艺 · 半月刊, 2008(15).
[12] 耿欣, 程炜.北京地区野生草本花卉资源及园林应用[J]. 2008年全国植物园学术年会论文集.
[13] 崔读昌. 世界农业气候与作物气候[M]. 浙江科学技术出版社, 1994.
[14] 陈志一. 草坪栽培管理[M]. 北京农业出版社, 1993.
[15] 赵天耀, 高汉民.北京的气候[M]. 北京出版社, 1965.
[16] 内蒙古自治区草原勘测设计院：内蒙古天然草地定位试验研究方法:内蒙古草场生产力定位研究资料（第二辑）(内部资料）.
[17] 北京市园林局, 北京公园协会. 北京公园研究（第一辑）（内部资料）.
[18] 北京师范大学生物系. 北京植物志（修订版）[M]. 北京出版社, 1984.
[19] 天坛公园管理处. 天坛公园志[M]. 中国林业出版社, 2002.
[20] 仲延凯, 张海燕. 割草干扰对典型草原土壤种子库种子数量与组成的影响 V. 土壤种子库研究方法的探讨[J]. 内蒙古大学学报（自然科学版), 2011, 32(3).
[21] 叶卫国. 花卉与中西文化浅涉[J]. 中山大学学报论丛, 2004, 24(3).
[22] 周武忠. 论中国花卉文化[J]. 中国园林, 2004, 20(2).
[23] 周武忠. 中国花文化文化创意产业新元素[J]. 中国花卉园艺, 2010(15).
[24] 张启翔. 中国花文化的起源与形成研究[J]. 中国园林, 2001(1).
[25] 杨振铎. 世界人类文化遗产—天坛[M]. 中国书店, 2001.
[26] 瞿明安, 郑萍.沟通人神[M]. 四川人民出版社, 2005.
[27] 陈念慈. 天人合一观与中国古典建筑、园林美学思想渊源探微[J]. 东岳论丛2002, 23(2).
[28] 胡明刚. 天坛古柏—人天和谐的绿色对话[J]. 绿色中国(A版), 2009(9).
[29] 王小回. 天坛建筑美与中国哲学宇宙观[J]. 北京科技大学学报(社会科学版), 2007, 22(1).
[30] 贺士元, 邢其华, 尹祖棠, 江无甫. 北京植物志, 北京出版社, 1992修订版.

后 记

天坛花卉品种繁多，本书篇幅有限，不能一一赘述，特选取天坛传统特色花卉菊花、月季以及近些年来颇具特色的节日花坛等作为本书重点进行详细阐述。天坛，作为明清皇帝祭祀天地、祈祷五谷丰登的皇家祭坛，花卉在其一定历史时期曾繁盛一时，天然的野生地被植物营造了极其浓郁的郊野氛围，益母草更是被用来制成益母草膏，成为当时有名的“天坛特产”。作为世界遗产单位，天坛一直把《世界遗产公约》的核心“保护遗产的真实性和完整性”作为其管理方针，在花卉管理方面，保留发展传统特色品种，保护野生地被植物，建立药圃、菊圃等，力求再现天坛历史郊坛风光与“天坛采药”美景。

花卉美人眼目、悦人心灵、陶人情操。在天坛，花卉不单作为美化环境的植物而存在，更多的是承载一种文化。透过它，我们可以追寻到天坛历史的足迹，更好地理解天坛深厚的历史文化内涵。

北京市公园管理中心为北京市政府直属单位，下设颐和园、天坛、北海等市属十一家公园，多年来一直着力发展各公园的花卉事业，未来，天坛将在其领导下一如既往地做好传统花卉品种的养植繁育与保护工作，使传统花卉品种继续深植于天坛这块沃土。

本书在编著过程中查阅了大量资料，其中包括工作日志、记录、总结等，由于历史较久，又多出自于不同人之手，翔实程度难免存在质疑，如有不足和错误之处，敬请广大读者与同行批评指正。

最后，感谢在此书编写过程中提供资料与图片协助的各位天坛同仁，大家共同地努力促成了此书的顺利完成，在此一并致以最真诚的感谢。

图书在版编目（CIP）数据

天坛花卉／北京市天坛公园管理处编著. —北京：中国建筑工业出版社，2012.5

ISBN 978-7-112-14187-6

Ⅰ.①天… Ⅱ.①北… Ⅲ.①天坛—花卉—观赏园艺—概况 Ⅳ.①S68

中国版本图书馆CIP数据核字（2012）第072083号

责任编辑：杜 洁
责任设计：叶延春
责任校对：党 蕾 王雪竹

天坛花卉
北京市天坛公园管理处 编著
*
中国建筑工业出版社 出版、发行（北京西郊百万庄）
各地新华书店、建筑书店经销
北京美光制版有限公司 制版
北京方嘉彩色印刷有限责任公司印刷
*
开本：787×960毫米 1/16 印张：14 字数：275千字
2012年5月第一版 2012年5月第一次印刷
定价：99.00元
ISBN 978-7-112-14187-6

(22259)